保鲜更方便，吃得更美味

冰箱，拜托你！

（日）川上文代 著

朱婷婷 译

U0385705

翻一翻家中的冰箱，拿出腌制过的鱼或
肉，简单烹饪就可以做出一道美味的料
理。不要再把冰箱当作食物的保鲜箱了！
只要你了解食材，活用冰箱，冰箱将成
为你做菜时的最佳小助手。

辽宁科学技术出版社
·沈阳·

CONTENTS

专栏

* 材料表中所记分量为：1 小匙 =5mL(cc)、1 大匙
=15mL(cc)、1 杯 =200mL(cc)、1 杯 =180mL(cc)。
* 微波炉、烤箱、烤面包机以及烤鱼的烤架的加热时间都
是大致标准（烤箱以及烤面包机的加热时间指预热后的
时间）。
* 保存时间是大致标准。

PART 3
成品菜的保存与二次升级

让食物更美味！营养再升级！烹饪更轻松！

跟着专家学习食材的冷冻技巧

常见食材的冷冻保存方法大揭秘！由食品冷冻行业的专家，在日本很受欢迎的西川刚史先生传授一些大家好像知道却又不十分清楚的冷冻基本知识和最新的冷冻技巧。都是很实用的冷冻技巧，请大家一定要试试！

FREEZING RECIPE

让我们开始冷冻生活吧！

西川刚史

食品冷冻生活顾问兼蔬菜营养师专家。系统性讲解家庭冷冻技巧的人气讲座《冷冻生活顾问养成讲座》（日本蔬菜营养师协会）的主编、讲师。大学期间开始对冷冻食品产生兴趣，毕业就职于食品冷冻公司。利用食品冷冻的商品开发经验，多次作为行业专家参与相关电视节目的录制。2015 年 10 月日本首家冷冻食品精品店"贝洛蒂"开业。著作有冷冻技巧类图书《让食物更美味的超级冷冻术》。作为食品冷冻开发技术顾问，始终致力于利用地方优质食材进行冷冻食品的商品开发，以及将冷冻行业作为切入点，努力进行新活动和新事业的展开。

冷冻保存的三大要点

为了多保存一段时间，将剩余的食材进行冷冻，实际上是错误的。
介绍一些大家不了解的冷冻基本知识吧！

要点 1

食品要趁着新鲜进行冷冻！

冷冻时最重要的就是要保持食材的鲜美。买来较新鲜的食材后，应将今明两天吃不完的部分，当天尽快冷冻。

要点 2

真空保存！

由于冰箱的冷冻室温度较低，空气中的水分被冻结，处于干燥状态。为了防止食物干燥及氧化，要使用保鲜膜或保鲜袋隔绝空气进行保存。

* 鱼和肉类放在托盘中会残存空气，请将其放入保鲜袋中保存。

要点 3

尽早冷冻是不二法则！

尽早地冷冻食材可以使其细胞不受到破坏，保持食材鲜美。将食材以扁平形状，上下均等地放入袋中尽早冷冻。放上制冷剂在打开冷冻室门的时候也可以使食材保持低温。

☑ **需要事先记住的冷冻关键词**

结冰冷冻保存

这里指冰衣，使食材外部结冰后再冷冻。适合冷冻贝类和虾等食材，可以有效防止其氧化和干燥，还可以防止口感、品相变差以及味道改变等。

蚬子、蛤蜊等贝类以及虾等需要带水冷冻保存。

CHECK

腌制冷冻也属于结冰冷冻的一种

将食材与调味料一起冷冻的腌制冷冻也属于结冰冷冻，冷冻过程中更易入味。白糖等糖类可以起到保留水分的作用。醋可以使食物凝缩，提高其口感。食盐可以去除多余的水分保持食材鲜美。

加热后冷冻

指在冷冻前将食材加热，是针对菠菜、西蓝花、毛豆等绿色蔬菜有效的冷冻方法。绿色蔬菜依靠自身的酵素来分解营养，加热会抑制酵素的作用，保持食物鲜美。使用微波炉会导致加热不均匀，利用蒸或者焯水轻微加热非常重要。

菠菜富含草酸，焯水去除浮沫。

 冷冻后的食材，基本上要在 1 个月内吃完。

最适合冷冻保存的 10 种食材

冷冻会让食物更美味，可以体验一下冷冻后带来的新口感！
这里将为大家介绍最适合冷冻的 10 种食材与西川流派的冷冻秘籍！

米饭

冷冻前 → 冷冻后

蘑菇

冷冻前 → 冷冻后

黄瓜

冷冻前 → 冷冻后

**刚刚做好的米饭即刻冷冻，
好味道就能够保存下来。**

米饭做好后，将当天食用的分量留好，其余的立刻冷冻。将水加入米中加热。淀粉糊化后，转化成容易消化的 α 淀粉。将刚刚做好的米饭装入密封器中，要将容器完全装满不留空隙，立即冷冻，这样 α 淀粉就能被保留下来，米饭的好味道也能够被保存下来。

**冷冻之后，
美味程度直线升级。**

冷冻会破坏蘑菇的细胞，使细胞内的成分更易流出，使蘑菇更好吃的成分——鸟嘌呤核苷酸就会增加。由于会流出汤汁，可以在汤菜、锅类料理以及炒菜的时候多加利用。去除蘑菇的根部，切成易入口的大小，然后放入保鲜袋里压平冷冻。

**用盐揉搓黄瓜，
带汁冷冻保存。**

黄瓜中水分较多，本来并不适合冷冻，但用盐揉搓后可以冷冻保存。将黄瓜流出的汁液一起冷冻保存，可以让黄瓜保持干燥，不易氧化，保持清脆的口感。用醋腌制也很方便。

要点

将温热的米饭放在密封容器中，并在容器上下分别放置制冷剂，放入冰箱冷冻。

要点

多种蘑菇混合冷冻的时候，为了能够均匀地冷冻或加热解冻，要先将蘑菇切成同等的大小，再混合保存。

要点

将黄瓜切成薄片，用盐揉搓流出汁液，带汁冷冻。

豌豆

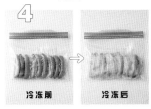

冷冻前 → 冷冻后

焯水后保持鲜美，进行冷冻！

豆类的新鲜度很容易流失，建议将不需要马上食用的部分冷冻保存。快速地用盐水焯水，再用冰水降温。为了不起霜，需要将水分去除，再用保鲜膜包好，装入保鲜袋，最后放入冰箱冷冻。

西红柿、圣女果

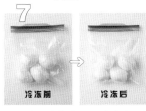

冷冻前 → 冷冻后

美味再升级。剥皮也很简单！

由于冷冻的原因，美味的主要成分谷氨酸会增加。去蒂后用保鲜膜包成茶巾状（圣女果原样即可），装入保鲜袋冷冻。既可以直接食用，也可以碾碎做冷制意大利面配菜。

★在P.48也会介绍相关的食谱。

鸡蛋

冷冻前 → 冷冻后

冷冻鸡蛋，蛋黄会融化！呈现新鲜口感！

鸡蛋冷冻后蛋黄的质感会发生变化，呈现出黏黏的半熟状口感。蘸酱油后口感浓醇，非常美味。鸡蛋带壳用保鲜膜轻轻地包起来，装入保鲜袋，冻上一整天。

★在P.62也会介绍相关的食谱。

魔芋

冷冻前 → 冷冻后

可以像肉一样使用，是减肥的好伴侣！

冷冻会使魔芋的口感发生急剧的变化。水分分离出来后，食物纤维凝缩在一起，咬起来"咔嗦咔嗦"又硬又脆，很有嚼头。去除浮沫后将其切成薄片，薄而平地摆放在保鲜袋内冷冻。将保鲜袋一起放入水中解冻，去除水分后即可使用。

洋葱

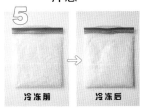

冷冻前 → 冷冻后

切成碎末，冷冻保存非常方便！

洋葱在煲汤、炖菜、炒菜时可以提味。将洋葱切成碎末，装入保鲜袋压平，排出空气，最后冷冻。琥珀色的洋葱短时间内即可做成，在烹饪时要注意缩短时间！

要点

冷冻的时候，保鲜膜剪成大块，将西红柿放在正中，将保鲜膜向中间集中并捻成细绳、打结，再包成茶巾状。将冷冻的西红柿放在水中就能轻松剥皮，不需要焯水后再剥皮了。

豆腐

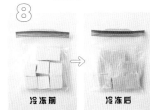

冷冻前 → 冷冻后

（冷冻后）豆腐的口感会像冻豆腐那样变得很有嚼头。

冷冻之后豆腐的组织会变成海绵状。口感与生豆腐不一样，变成冻豆腐后变得很有嚼头，用于烹饪的范围也随之扩大。去除豆腐的水分，切成适当的大小，装入保鲜袋后冷冻。

纳豆

冷冻前 → 冷冻后

即使冷冻，纳豆菌群仍然可以保持鲜活状态。

即使在冷冻室中纳豆菌群也会存活，解冻的话会被再次激活。将纳豆随包装盒一起装到保鲜袋内密封，防止串味。食用的时候放进冷藏室内解冻。冷冻状态下也可以用来做味噌汤。

按照食材类别·适合冷冻保存的方法

水果、鱼贝、意大利面，甚至点心，
以下按照类别——向大家介绍！

【水果、蔬菜】

苹果

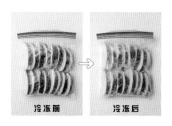

冷冻苹果可直接食用，加热也很快。

清洗后带皮切成 8 等份或 16 等份，分别用保鲜膜包好，装入保鲜袋冷冻。冷冻后，苹果纤维会被破坏，加热的话会立即变软，因此在短时间内即可完成烤苹果。

柠檬

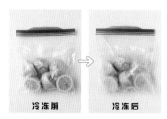

皮中富含维生素，香气浓郁，请将柠檬带皮一起冷冻。

请选择无农药或者少农药的柠檬，清洗后切成两半。用保鲜膜包成茶巾状，装入保鲜袋冷冻。冷冻使柠檬皮的苦味变弱，按照每次食用的分量，带皮取出使用即可。

荷兰芹

冷冻后

不需要菜刀就可以将荷兰芹变成碎末！

荷兰芹吃不完很容易浪费，沿着较粗的茎切开后装入保鲜袋内，冷冻保存。想在汤品或菜品中添加绿色做点缀的时候，使用一些，非常方便。

油菜

新鲜油菜可以直接冷冻，无须解冻就可以使用。

将新鲜油菜直接冷冻保存就可以。去根切成适当大小，将叶、茎混在一起装入保鲜袋后冷冻。由于（冷冻后）青涩味道会被去除，纤维也会被破坏，榨汁后口感十分爽滑。

白菜

纤维被破坏，白菜芯变柔软。

大棵青菜、白菜冷冻保存就可以吃完，不会浪费。将白菜切成适当的大小装入保鲜袋内冷冻。无需解冻直接加入汤类或者锅类料理中，中间芯部很快就能煮熟。美味满满。

秋葵

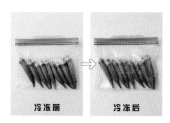

没有黏液便于刀切！

新鲜秋葵直接冷冻就可以。直接放入保鲜袋中，压平去除空气冷冻保存。无须解冻可直接用于烹饪中，解冻前没有黏液，便于刀切。

萝卜泥

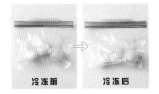

冷冻前 → 冷冻后

做成萝卜泥后冷冻更方便!

将萝卜放在一起磨碎后,冷冻
所需时间也会缩短。先去除萝
卜的汁液,再用保鲜膜将其包
成茶巾状,装入保鲜袋冷冻。
放入冷藏室内或者常温条件下
解冻即可。

大葱

冷冻前 → 冷冻后

口感较黏稠。

将大葱斜切成1cm宽的葱段,
放入保鲜袋冷冻。无须解冻直
接加热烹饪的话,既可以保持
大葱的嚼劲,又具有黏稠的口
感,十分美味。

魔芋丝

解冻后变成细线状

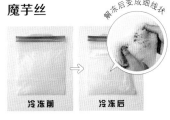

冷冻前 → 冷冻后

享受脆弹的口感。

撇沫,除去水分装入保鲜袋,
平铺冷冻。打开保鲜袋的封口
将其放入微波炉中加热,加热
后魔芋丝会分开,像粉丝一样,
可以用来做沙拉或者煲汤。

莲藕

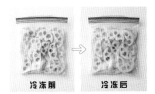

冷冻前 → 冷冻后

请在变色前立即冷冻。

莲藕去皮切成1cm厚的半月形,
泡入水中1分钟后,去掉水分
装入保鲜袋(冷冻保存)。无
须解冻直接加热烹饪。

小圆芋头

冷冻前 → 冷冻后

**将芋头预先处理好后再冷
冻非常方便。**

芋头类食材加热后冷冻会比较
好吃。带皮焯水后去皮,切成
适当大小,待凉凉后装入保鲜
袋(冷冻保存)。无须解冻可
直接烹饪。

山药

冷冻前 → 冷冻后

做成山药泥后非常松软!

将山药去皮,用保鲜膜包好放
入保鲜袋中冷冻。无须解冻直
接杵成泥状,刚做出来的山药
泥不会黏稠,非常松软。

蘘荷

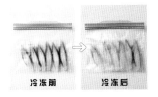

冷冻前 → 冷冻后

冷冻能够保持原有的味道。

为了方便以后使用将其纵向切
成两半,平铺放入保鲜袋中冷
冻。无须解冻可直接刀切,加
入菜品中。

生姜

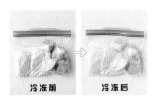

冷冻前 → 冷冻后

切成小块后再冷冻。

生姜的味道容易发散,适合冷
冻保存。切成小块或者切末,
用保鲜膜包好,放入保鲜袋(冷
冻保存)。

大蒜

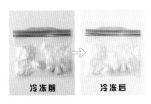

冷冻前 → 冷冻后

**(冷冻后)大蒜的味道得以
保留,炒菜时非常方便!**

和生姜一样,切成小块,或者
按照每次使用的分量切末,用
保鲜膜包好,冷冻。大蒜容易
串味,一定要做好密封。

【肉加工品、鱼贝类、奶制品、主食】

培根

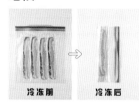

冷冻前　冷冻后

切成方便使用的大小，冷冻保存。

培根在菜肴中很容易出味，冷冻起来作为常备品是非常方便的。

按照方便使用的大小将培根分成小份，按照下图要领，将培根用保鲜膜包好放入保鲜袋冷冻保存。无须解冻可直接用于烹饪。

> **要点**
> 将保鲜膜展开至培根宽度的数倍，将培根并列摆放在保鲜膜的左半部，注意培根之间要稍留空隙。将保鲜膜对折，把培根包起来，放入保鲜袋后铺平冷冻。冷冻后，可以将培根叠起来，折成手风箱状，再装入保鲜袋内冷冻保存。使用的时候，只需将需要用的分量连同保鲜膜一起剪下来即可，十分方便。

金枪鱼

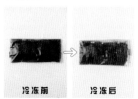

冷冻前　冷冻后

腌制后带汁冷冻。

将做生鱼片用的金枪鱼片、酱油、料酒和酒一起放入保鲜袋内，除去空气后冷冻。

金枪鱼冷冻后会变黑，带着调味汁一起冷冻的话外观就不会引人注目了。放入冷藏室内解冻。

蚬子

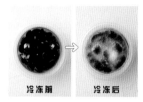

冷冻前　冷冻后

鸟氨酸增加4倍！美味明显提升。

蚬子中含有丰富的鸟氨酸，具有很好的护肝作用，冷冻后鸟氨酸会增加4倍。将吐过沙子的蚬子与水一起放入容器中冷冻，水量刚刚没过蚬子即可。解冻时带着冰一起放入锅中，加盖，用大火加热煮熟。

意大利面

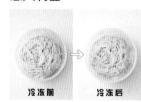

冷冻前　冷冻后

泡水→冷冻，减少煮面时间。

将意大利面浸泡在水中，使之充分吸收水分后，煮面时间就可以缩短至1分钟左右。面条经过浸泡再冷冻，随时都能制作意大利面，非常方便。如果使用圆形的小容器进行冷冻，煮面的时候更容易下锅。

> **要点**
> 将面条和水放入细长的容器中（每100g意大利面加入400mL水）浸泡2小时以上。如图，意大利面被夹起时能够软软地垂下，达到这种状态就可以了。为了防止干燥和氧化，可以在保存容器中加入一些橄榄油，并用保鲜膜密封冷冻。

年糕

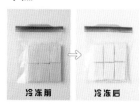

冷冻前　冷冻后

冷冻之后，注意防止生霉、变干。

年糕容易变干、生霉，所以每块年糕都要用合适尺寸的保鲜膜包好，再装入保鲜袋，除去空气后冷冻。常温下半解冻后可用于煎烤，或者用开水温热后，上面附上纳豆等一起食用。

牛奶

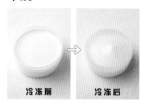

冷冻前　冷冻后

冷冻后的牛奶可以用于加热烹饪。

牛奶冷冻后出现分层现象，加热后食用是没有问题的。在容器中加入适量的牛奶冷冻。使用的时候可以放入冷藏室内解冻，或直接放入锅中加热。可以用于西式浓汤或西式炖菜中。

【点心、其他 】

芝士蒸面包

冷冻前 → 冷冻后

变身成芝士蛋糕。

很醇厚，口感像芝士蛋糕一样细腻润滑。直接装入保鲜袋冷冻即可。

棉花糖

冷冻前 → 冷冻后

富有弹性的新鲜口感。

装入保鲜袋冷冻的话，口感会变得富有弹性。请将冷冻的棉花糖直接加到冰淇淋里。

烤番薯

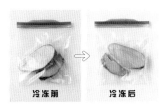

冷冻前 → 冷冻后

有黏度的食物品种都可以。

将烤番薯用保鲜膜包好后装入保鲜袋冷冻，会变成一道口感浓厚的甜点。推荐使用有黏度的安纳薯等。在常温下半解冻后即可食用。

薯片

冷冻前 → 冷冻后

口感会变得松脆可口！

直接装入保鲜袋冷冻即可。未开封的话，连同包装一起冷冻。有效防止氧化，保证香脆味道。

葡萄酒

冷冻前 → 冷冻后

冷冻可以防止氧化。

将没喝完的葡萄酒倒入制冰盒内，冷冻后装入保鲜袋。可以用于料理调味，即使加入葡萄酒中味道也不会变淡。

坚果

冷冻前 → 冷冻后

冷冻可以防止变坏。

富含脂肪较多的坚果类食物容易氧化、变潮，因此将其冷冻保存是正确的做法。装入保鲜袋后除去空气，冷冻保存。

4种基本的解冻方法

调味后冷冻食物、蔬菜、贝类等

加热解冻

推荐蔬菜在冷冻状态下直接进行烹饪。用大火短时间加热，防止出水。带有冰衣的贝类也要用大火快速加热。本书中调味后再冷冻的食物都是在冷冻状态下直接进行烹饪的。

肉、鱼贝类等

冷藏室解冻

在低温冷藏室内慢慢解冻。肉和鱼无论快速解冻，还是常温解冻，都会出水，口感会变差，美味也会流失。放入冷藏室内解冻的话就不用担心了。

肉、鱼贝类等

冲水解冻

相对于在冷藏室内解冻，冲水解冻用时更短。将冷冻的保鲜袋放入盛满水的大碗里。夏天的时候水温比较高，可以在水中加入冰块，或者用自来水解冻。注意不要让水进入保鲜袋中。

面包、点心类等

常温解冻

含淀粉的食材在冷藏室内解冻，会老化变干，因此要放在阴凉处常温解冻。煮好的毛豆这样解冻后就可以直接食用。但是要避免长时间放置。

11

可以长期保存！美味再升级！富于变化！

冷冻保存让每天的烹饪变得轻松又美味

能够长期保存，增加食材的鲜美，充分入味后也会更加好吃。
食材冷冻可以使每天的料理变得轻松又美味。

PART 1 腌制冷冻
可以使菜肴更富于变化！

将肉、鱼和调料一起装入保鲜袋，入味后冷冻，不解冻直接可以用于烹饪的"腌制冷冻"。冷冻过程中食材可以更好地入味，变得更加美味，可用于多种菜品中。

腌制冷冻的基本制作方法

步骤 1  ⇒ **步骤 2**  ⇒ **步骤 3**  ⇒ **完成**

将食材切块。
像鸡肉和鱼肉块这种较大较厚的食材，重点是要将其切成1cm宽易入口的大小。这样不仅能让食材均匀入味，也可防止烹饪时加热不均，做出来的食物会更好吃。

装袋封口。
将肉、鱼和调料一起装入保鲜袋，排出空气后封口。

★本书中提到的腌制冷冻，每一袋基本上相当于2人餐的分量。使用的是M号（约189mm×177mm）带有拉链，用于冷冻的保鲜袋。

揉搓。
从袋子外面充分揉搓，使之入味，铺平冷冻（如厚度超过5mm的话请分装）。冷冻食材较薄的话，能够更快速地冷冻。无须解冻用手掰开即可用于烹饪。

完成！
能够冷冻保存1个月左右。有了腌制冷冻食品，即使没有时间也会让人安心。解冻后，务必烹饪食用，避免再次冷冻。

☑ **优点_1**

无须解冻
就可以进行烹饪！

无须解冻。用手掰开直接放入平底煎锅或锅中，这样做菜非常快捷。如果冷冻食材太硬很难掰开或切开的话，自然解冻后再烹饪。

☑ **优点_2**

使菜肴更富于变化！
本书中的腌制冷冻食材都是比较简单，容易制作的。无须挑选适合的食材，烹饪方法也很随意，全部吃光也不会腻。

★可以将鱼露口味的鸡腿肉做成泰式绿咖喱鸡（P.23）、日式炸鸡块（P.24）、香烤鸡肉（P.22）等多种菜肴。

PART 2

推荐的素食冷冻
可以提高烹饪速度！杜绝浪费！

蔬菜、蛋类以及豆腐等食材，经过简单处理或直接将其冷冻保存，鲜美度就可以得到提升，烹饪也会变得更轻松，益处多多！

☑ 优点_1

美味升级！

西红柿和菌类食材经冷冻后，代表鲜味的物质谷氨酸和鸟氨酸会增加，味道会变得更好。加入菜品中，鲜美味道可提升一个等级。贝类经冷冻后也会变得更好吃，蚬子冷冻后营养会提升。

☑ 优点_2

让烹饪变轻松！

另外一个优点是，食材冷冻后纤维会被破坏，很容易做熟。使用冷冻洋葱的话，只需短时间加热即可将洋葱炒熟。干菜泡发起来比较费工夫，有时间的时候将它们集中泡发后再冷冻保存非常方便。

☑ 优点_3

享受新鲜的口感！

蛋类冷冻之后蛋白质会变性，蛋黄会具有比较黏稠的口感。豆腐与魔芋等冷冻后口感也会发生变化，因此食材经过冷冻会发生很多变化，产生新的味道。

PART 3

事先做好进行冷冻
人气菜肴立即呈现！

将炸鸡块、姜烤猪肉、汉堡牛肉饼等全家人都非常喜爱的菜肴提前做好，再冷冻保存，解冻后马上就可以吃到。也可以用来制作其他的菜肴。

☑ 优点_1

想吃的时候只要加热一下就可以！

提前做好后冷冻保存的菜肴，只需用微波炉加热一下就可随时享用。油炸食物的话，用烤炉或者烤箱将其加热到酥脆状，味道和刚做好时是一样的。

☑ 优点_2

再加热时只需简单制作！

本书介绍的都是将准备好的冷冻食品快速加热，即可轻松做成的菜品。将冷冻后的姜烤猪肉与蔬菜一起炒，做成木须菜肴、炒面等（P.80），味道变得多种多样。

☑ 优点_3

用来做便当也非常方便！

将做好后冷冻的菜品直接装入便当中即可。本书中也介绍了一些用起来方便的硅胶杯（用于便当）来制作的一些冷冻常备菜（P.92）。

冷冻保存和解冻的技巧

下面将介绍一些冷冻保存和解冻的技巧。

保鲜袋、保存容器

冷冻保鲜袋

推荐使用带拉链且质地较厚的保鲜袋。本书中使用的是 M 号（约189mmX177mm)和S号（约127mmX177mm）。

保存容器

使用带盖能密封的容器。用热水消毒后，清洁状态下使用。

硅胶杯

用耐热型的硅胶杯冷冻菜品的话，可以带杯一起放入微波炉中加热，非常方便。

硅胶网盒

用于沙司、咖喱、酱块等的冷冻。冻成立方块等块状，每次只拿取食用的部分，非常方便。

制冰盒

制冰盒可用于冷冻保存高汤和喝剩的葡萄酒。

制冷剂

用于食材、菜品冷冻的快速制冷。

解冻技巧

做好后再冷冻的菜品的解冻方法。

做好后再冷冻的菜品在食用时，基本上可以用微波炉快速加热解冻。油炸食物推荐使用烤炉、烤箱解冻。将冷冻菜品直接装入便当里也可以，薯类等富含淀粉的食物还是加热一下比较好。

保存技巧

【保鲜袋】

利用托盘&制冷剂快速冷冻。

放入保鲜袋冷冻时，铺平、压薄是最基本的要求。将食材放在托盘上铺平，将制冷剂放在食材上充分制冷，这样能够使其均匀快速地冷冻。

用保鲜膜包成小份。

将没有汁液的菜品按照每次食用的分量，用保鲜膜包好，装入保鲜袋冷冻，使用起来非常方便。冷冻生鸡蛋的时候，为了不弄破鸡蛋，将每个鸡蛋都用保鲜膜包好后，再放入保鲜袋内。

写上日期。

将冷冻的日期、食材、菜单写在贴纸上，贴在保鲜袋或保存容器上，这样食用的先后顺序就一目了然了。

将袋边翻折，方便装袋。

食材装袋时，将保鲜袋套在容器上，再将袋子的边缘翻到容器外面。这样袋子既不会被弄脏，又能顺利地将食材装袋。

【保存容器】

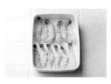

摆放食材时要留有空隙。

天妇罗和炸鸡块等油炸食品在摆放的时候，为了不粘在一起，要留有空隙摆放，再冷冻。冷冻后，不用担心食材变形，直接装入保鲜袋。冷冻室里没有足够的空间也没有问题。

分成小份装在耐热的硅胶杯中。

推荐将食材分成小份放入杯中冷冻，拿取非常方便。解冻时可以直接放入微波炉里加热也是一大优点。

PART 1

简单！可以用于多种菜品中！

超人气腌制备菜

冷冻

下面将介绍一些鸡肉、肉馅、鲑鱼、虾以及鱿鱼等平时常用的肉类、海鲜类食材经过腌制冷冻后，就能简单制作的菜品。调味从简单的盐曲、酱油、香草到大受喜爱的肉酱口味和坦度里口味，都是些容易制作、使用方便的好东西。不仅用时较短，还能解决菜品千篇一律的问题。

猪肉块

用盐曲腌制,入味后再冷冻,在很多料理中都可以使用,非常方便。放置期间,发酵会使猪肉变得更柔软,美味进一步升级,即使简单烹饪也能使味道更上一层楼!

冷冻
1个月

材料(1袋)

猪肩里脊肉切块 250g
盐曲 2 大匙

1 将猪肉和盐曲装入保鲜袋,封口(如图)。
  ★重点是将猪肉块压扁、压薄、铺平。

2 按照P.12中的步骤3,从袋子外面充分揉搓。室温下放置1~2小时后,再揉搓,铺平冷冻。

  ★将猪肉和盐曲混在一起揉搓,长时间放置后再冷冻,盐曲可使肉质更柔软!

食用建议

肉的味道变好后,无论是烤或蒸,菜品的味道都很好。即使炖煮很短的时间,也能像长时间炖煮那样充分入味。

菜品_ **1**

烤猪肉

由于盐曲的功效,猪肉变得松软、多汁!

材料(2 人份)

盐曲口味的猪肉块 1 袋 土豆 2 个 大蒜 2 片
A(橄榄油 1 大匙 迷迭香 1 枝 胡椒少许)盐少许 **B**(迷迭香、芥末粒各适量)

1 将带皮土豆 8 等分,切成半月状。水洗后,除去淀粉,用厨房用纸擦掉水分。将**A**中的迷迭香叶子摘掉。

2 将每块冻猪肉分开,把大蒜和半份**A**撒在猪肉上,剩下的**A**和盐撒在土豆上。然后放在烤箱的平板上留有空隙并列摆好。将烤箱设定为180℃,烤18分钟至金黄色。装盘,添加**B**。

菜品 _ ②

炖煮猪肉块

日式特色炖菜，腌制后冷冻
能使烹饪更快捷。
因为肉被切成了小块，蛋类使用鹌鹑蛋
更为合适。

材料（2 人份）

盐曲口味的猪肉块（如前页） 1 袋
生姜切成薄片 4 片

Ⓐ
| 高汤 300mL
| 酒 2 大匙
| 料酒 1 大匙
| 红糖 1 大匙
| 酱油 1 小匙

煮好的鹌鹑蛋 6 个
色拉油 1 小匙
扁豆（用盐水焯过的）、芥末各适量

1　将冻猪肉分成小块。在锅中加入色拉
　油大火加热，放入猪肉，翻炒至双面
　呈金黄色。

2　向 1 中依次加入姜片、混合均匀的
　Ⓐ和鹌鹑蛋，煮开后调成中火，撇去
　浮沫与浮油，盖上锅盖，煮 20 分钟
　左右。

3　装盘，将扁豆切成 4cm 长，摆入盘中，
　加入芥末。

要点

调味冷冻后的猪肉
无须解冻，直接放
入锅中。用大火煎
炸即可。

加入汤汁后，主要
靠锅来炖煮。即使
加热时间较短也能
很好地入味。

17

材料（2 人份）

盐曲口味猪肉块（P.16）1 袋
低筋面粉 2 大匙
鸡蛋 1 个
洋葱 100g
青椒 1 个
胡萝卜 60g
生姜切薄片 4 片
醋 2 大匙
砂糖 1 大匙
A   酒 2 小匙
淀粉 2 小匙
番茄酱 2 大匙
鸡精（颗粒）1/3 小匙
水 120mL
色拉油适量

1   将洋葱切成半月形，按长度切成两半。青椒去蒂去籽后和胡萝卜一起切成小块。将Ⓐ混合搅拌均匀。

2   将袋装的冻猪肉分成小块，加入低筋面粉和鸡蛋进行揉搓，使猪肉蘸满面粉和鸡蛋。在平底锅中多倒入一些色拉油加热，放入猪肉煎炸 4~5 分钟，再放入胡萝卜煎炸。

★ 胡萝卜不容易熟，需要事先煎炸。

3   把平底锅洗净擦干，加入 1 小匙色拉油加热，加入生姜、洋葱和青椒翻炒。放入煎炸过的肉和胡萝卜继续翻炒。加入Ⓐ煮熟。

要点

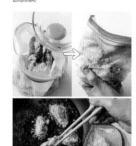

将面粉、鸡蛋加入装猪肉的袋中拌匀是很方便的。尽可能多放色拉油煎炸，这样后面处理起来会很轻松。

菜品 _ ❸

糖醋里脊

平时做起来麻烦又费事的糖醋里脊，
利用腌制冷冻和省时技巧就可以变得很轻松，
很美味！

18

菜品 _ 4

猪肉浓汤

只需要 15 分钟就能炖熟的短时炖菜。
肉和青菜的味道能够相互融合。

材料（2人份）

盐曲口味猪肉块（P.16）
1 袋

洋葱 1 个

胡萝卜 1 根

土豆 2 个

A ┌ 水 400mL
    └ 固体浓缩高汤 1 个

鲜奶油 100mL

淀粉、水 各 1 大匙

盐、胡椒粉 各少量

黄油 1 大匙

1 将每块冻猪肉分开。洋葱切成 3cm 宽的块状，胡萝卜切成 1cm 厚的圆片。土豆去皮切成 1cm 厚的半月形。

2 将黄油放入锅中加热，依次加入洋葱、胡萝卜、土豆和猪肉翻炒。加入 **A**，煮沸撇去浮沫，加盖用小火煮 15 分钟。加入鲜奶油，加入用水化开的淀粉，放入盐和胡椒粉调味。

要点

用盐曲调味后的猪肉，在翻炒时容易粘锅，因此要先炒青菜，再放猪肉，无须解冻。

19

鸡胸肉

用广受欢迎的特色口味为鸡肉调味后，将其冷冻保存。鸡肉经过加热，很容易变干，加入酸奶可使鸡肉变得更滋润美味。应用范围非常广泛。

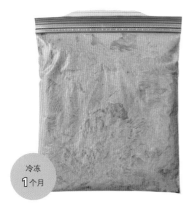

冷冻
1个月

材料（1袋）

鸡胸肉 250g
原味酸奶 150g
咖喱粉 1小匙
辣椒粉 1小勺
生姜末 1小匙
盐 2/3小匙

1　将鸡肉去皮，切成3等份，再切成1cm厚的薄片（如图）。
　　★这样可以将纤维切断，方便入味。

2　按照P.12的步骤2、步骤3，将鸡肉和剩下的材料装入保鲜袋，封口。从袋子外面充分揉搓，在冷藏柜中放置30分钟。再揉搓，铺平冷冻。

食用建议

鸡肉可以和青菜一起炒，做成煎肉和油炸食物也可以，推荐煮后做成鸡肉火腿和棒棒鸡。

菜品 _ ❶

坦度里烤鸡

腌制冷冻后备好，随时都能享用美味。

材料（2人份）

坦度里口味鸡胸肉 1袋
生菜、切成半月形的西红柿 各适量

1　将每块冻鸡肉分开，摆在烤鱼架上，中火烤10分钟左右，烤至金黄色。

2　装盘，摆放撕碎的生菜和西红柿做装饰。

菜品_ ❷

鸡肉炒圆白菜

经过腌制的冷冻食品使普通的家常炒菜美味倍增!

材料（2 人份）

坦度里口味鸡胸肉（如前页）1 袋　胡萝卜1/3 根　圆白菜 150g　蒜末 1/2 小匙　葱末1 大匙　料酒 1 大匙　蚝油 1 大匙　芝麻油 1大匙

1　将每块冻鸡肉分开，胡萝卜切块，圆白菜切成 4cm 见方块状。

2　平底锅内放入芝麻油加热后，加入蒜末和葱末炒香。放入鸡肉翻炒，至水分收干、鸡肉变色后，加入胡萝卜、圆白菜翻炒。最后加入料酒、蚝油调味。

菜品_ ❸

炸鸡排

香脆的口感和香芹清爽的香气令人回味无穷。

材料（2 人份）

坦度里口味鸡胸肉（如前页）1 袋　低筋面粉 2 大匙　鸡蛋 1 个　面包粉 1 杯　香芹末 1大匙　色拉油适量　胡萝卜、黄瓜、圆白菜切丝　蛋黄酱（超市售）适量

1　面包粉过筛，与香芹混合。

2　掰开冻鸡肉。将低筋面粉与鸡蛋加入放鸡肉的保鲜袋中揉搓，使其充分混合在一起。裹上1，用较多的色拉油煎炸后，去油。

要点

鸡肉同放入袋中的面粉、鸡蛋混合均匀后，放入添加了香芹的面包粉，煎炸口味更佳。

3　将鸡块盛入容器中，加入切丝的蔬菜混合，加入蛋黄酱。

鸡腿肉

加入发酵调料、鱼露可以使口味变得更加丰富。充分揉搓搅拌后，鸡肉吸收了水分变得柔软，肉也非常入味。与日式、西式料理搭配起来都非常合适，富于变化。

材料（1袋分量）

鸡胸肉 250g
鱼露 1 大匙
蒜末 1/2 小匙
姜末 1 小匙

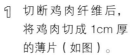

1 切断鸡肉纤维后，将鸡肉切成 1cm 厚的薄片（如图）。

2 按照 P.12 中步骤 2、步骤 3 的要领，在保鲜袋里放入鸡肉和其余作料后，封口。从袋子外面充分揉搓鸡肉，铺平冷冻。

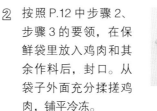

冷冻
1个月

食用建议

也可用于油炸和筑前煮等日式菜肴。可以用鸡翅根代替鸡腿肉。

菜品 _ ❶

香烤鸡肉

烤制的时候香气四溢，可以挤入一些柠檬汁。

材料（2人份）

鱼露口味鸡腿肉 1 袋 融化的黄油 1 大匙 胡椒粉少许 柠檬切片、水芹各适量

1 将每块冻鸡肉分开，加入融化的黄油和胡椒粉充分揉搓搅拌。

2 将1放置在烤鱼架上，中火烤制 10 分钟左右至金黄色。盛至容器中，用刀切开挤入柠檬汁，加入水芹。

菜品 _ ②

泰式咖喱鸡

利用腌好再冷冻的鸡肉和超市卖的咖喱酱汁，在家里就可以轻松做出饭店的味道。

材料（2 人份）

鱼露口味鸡腿肉（如前页）1 袋

茄子 1 个

青椒 1 个

红彩椒 1/3 个

泰式绿咖喱酱 20g

椰奶 1 罐（400g）

固体浓缩高汤 1 个

水 100mL

白糖 1/2 大匙

鱼露 2 小匙

色拉油 2 小匙

温热米饭 适量

罗勒叶 6 片

1　将每块冻鸡肉分开。茄子去蒂，青椒、红彩椒去蒂去籽，切成易入口的形状。

2　在平底锅内放入色拉油烧热后加入咖喱酱翻炒，将椰奶沉淀的部分倒入锅中。边翻炒边混合搅拌，炒至没有水分椰奶分离的状态。

3　加入鸡肉、茄子、青椒和红彩椒继续翻炒，并加入固体浓缩高汤、水、白糖和剩下的椰汁混合搅拌。沸腾之后小火煮 10 分钟左右，用鱼露调味。装盘，添上米饭，咖喱上撒入罗勒叶。

椰奶加热，如图所示将油分离之后再加入冷冻的鸡肉。

23

❄

日式炸鸡块

日本人气菜单推荐，鱼露口味会在口中形成轻柔的香气。

材料（2人份）

鱼露口味鸡腿肉（P.22）1袋
酱油 1小匙
鸡蛋 1个
淀粉适量
青辣椒适量
煎炸用油

1. 将袋装的冻鸡肉分成小块，加入酱油和鸡蛋后揉搓均匀。将每一块鸡肉裹上薄薄的淀粉，放入180℃的油中炸 5 ~ 6 分钟，炸至酥脆。

2. 将青辣椒用竹签穿出小孔，油炸。

3. 将1装盘，加入2。

菜品_④

亚洲鸡饭

原汁原味的料理做法也非常简单。米饭吸收了鸡肉的香甜，味道堪称一绝！

材料（2 人份）

鱼露口味鸡腿肉（P.22）1 袋
泰国香米 180mL
固体浓缩高汤 1 个
水 300mL
香菜 1 根
大蒜 1 片
生姜 1 片
盐、胡椒粉各适量

姜黄酱汁	
	酱油 1 大匙
	姜末 1 小匙
	色拉油 1 小匙
	柠檬汁 1 大匙

甜辣酱 1 大匙
黄瓜切薄片、西红柿切薄片、香菜各适量

1 锅内放入固体浓缩高汤、水、香菜末、蒜、姜以及泰国香米后混合搅拌，开火煮沸。

2 将每块冻鸡肉分开，放入到1中，加入盐和胡椒粉。煮沸之后盖上锅盖小火煮 10 分钟，关火之后闷 10 分钟。

3 将姜黄酱汁的材料混合。

4 将米饭盛到盘中，加入鸡肉、黄瓜和西红柿，添加香菜和两种酱汁。

要点

放入米饭的汤汁煮开后加入鸡肉，解冻和烹饪可以同时进行。

25
❄
PART 1

猪肉馅

将味道浓郁的猪肉馅调成使用方便的肉酱后冷冻，不仅可以与蔬菜一起用于日式的煎烤与煮菜中，在广受欢迎的中华料理中也可以应用自如。还可以用牛肉、猪肉混合的肉馅或者鸡肉馅来代替，享受不同的美味。

冷冻
1个月

材料（1袋分量）

猪肉肉馅 250g

大酱 2大匙

葱末 2大匙

姜末 1小匙

淀粉 1大匙

料酒 2大匙

根据 P.12 中步骤 2、步骤 3 的要领，在保鲜袋里放入肉馅和其他材料，封口。从袋子外面充分揉搓肉馅后，平铺冷冻。

食用建议

可用于石锅拌饭、肉酱、肉酱咖喱中。也可以将其炒干后用生菜叶包起来，或者作为煎蛋、炒饭的配菜，或拌在沙拉上面等。

菜品 _ ❶

肉末烧茄子

肉的香味融入茄子中十分美味。

材料（2人份）

肉酱口味的猪肉馅 1/2 袋 茄子 2 根 淀粉少许芝麻油 1 大匙 山葵菜适量

1　从茄子顶部下刀，将茄子竖切成两半。在水里泡 10 分钟撇除浮沫，用厨房用纸擦去水分。

2　在平底锅内放入芝麻油烧热后，把茄子稍微煎一下，切口朝上并列放在铺着锡纸的烤鱼架上。用滤茶器撒上淀粉，将冷冻的肉馅分成小块，直接放在茄子上，中火煎烤 8 分钟至金黄色。装盘，加上山葵菜。

菜品 _ ❷

肉末酱拌萝卜

汤汁中加入冷冻的肉末，边解冻边勾芡。
撇去浮沫后，汤汁变得很黏稠。

材料（2 人份）

肉酱风味的猪肉馅（前页）1/2 袋
萝卜（切成 6cm 厚的块状）2 个

Ⓐ ⎰ 昆布茶 1/3 小匙
　　 水 200mL
　　 酱油 1 小匙
　　 淀粉 1 小匙
　　 水 1 小匙
花椒芽少许

1　萝卜去皮，将切口的边角刮圆，在下面切个十字形切口。放入锅中，加水，水量刚刚没过萝卜即可，煮至萝卜变软。

2　在另一个锅中放入Ⓐ和冷冻的肉末，开大火。煮开之后撇去浮沫，加入淀粉勾芡使汤汁变得浓稠。

3　将1装盘，加入2，再放花椒芽点缀。

要点

将冷冻的肉末大致掰开放入汤汁中，一边煮一边用锅铲将肉末分开。

27

❄

菜品 _ ③

炸酱面

使用猪肉馅做的肉末与中国料理相融合，味道让人惊叹。
由于肉末可以均匀入味，所以做起来既轻松又美味。

材料（2人份）

肉酱口味的猪肉馅（P.26）半袋
中华生面 2 份
盐、胡椒粉各少许
酱油 1 小匙
黄瓜 1 根
西红柿 1 个
豆芽 60g
芝麻油 2 小匙
盐（焯盐水用）

1. 平底锅内放入 1 小匙芝麻油烧热，加入冷冻的肉末，中火翻炒。加入盐、胡椒粉、酱油调味。

2. 黄瓜切细丝，西红柿去蒂后切成较薄的半月形。豆芽去根须，快速用盐水焯一下。

3. 将中华生面煮熟后捞出沥干水分，加入 1 小匙芝麻油搅拌。装盘，放入①和②。

要点

切后的冷冻肉末直接放入锅中，一边烹饪一边解冻。

菜品 ④

麻婆豆腐

将冷冻的肉末炒得粒粒分明，使用豆瓣酱可增添辣味。
根据个人口味选择豆腐或是内酯豆腐都可以。

材料（2人份）

肉酱口味的猪肉馅（P.26）半袋
豆腐 1 块
豆瓣酱 1～2 小匙
酒 1 大匙
酱油 1 小匙

A ｜ 鸡精（颗粒）1/2 小匙
水 100mL
番茄酱 1 大匙
淀粉 1 小匙

盐和胡椒粉各少许
芝麻油 1 大匙
小葱葱末 2 大匙

1 将豆腐切成 2cm 见方小块，快速焯水，去除水分。

2 平底锅内放入芝麻油烧热，加入冷冻的肉末，中火翻炒。肉末炒至粒粒分明后，加入豆瓣酱、酒和酱油继续翻炒。

3 加入混合好的 A 搅拌，煮沸之后加入 1，用盐和胡椒粉调味。装盘，撒上小葱葱末。

牛肉片

浓香美味的牛肉制成中华风味后冷冻保存。将淀粉勾芡裹在牛肉上，可以防止干燥和氧化，保持牛肉的鲜美，还可以防止汁液流失。

材料（1袋分量）

牛肉片 250g
甜面酱 2 大匙
酱油 2 小匙
葱末 2 大匙
姜末 1 小匙
淀粉 2 小匙

根据P.12中步骤2、步骤3的要领，将牛肉和其他材料放入保鲜袋，封口。从袋子外面充分揉搓牛肉，铺平冷冻。

冷冻
1个月

食用建议

可以将牛肉做成回锅肉风味的菜肴，还可以和蔬菜一起烤蒸。用于日式、西式的煮菜也很美味。

菜品 _ 1

青椒肉丝

中华料理中的人气菜品，做起来既快速又美味。推荐搭配米饭食用。

材料（2 人份）

甜面酱口味的牛肉片（如上述）1袋 青椒2个 红彩椒 1/3 个 焯水后的竹笋 100g 胡椒粉少许 Ⓐ【鸡精（颗粒）1/4 小匙 水 50mL 酒 1 大匙 蚝油 1 小匙 淀粉 1 小匙】芝麻油 1 大匙

1　将青椒和红彩椒去蒂去籽，竹笋切丝。
2　在平底锅中加入芝麻油烧热，放入冷冻的牛肉翻炒，在汤汁快要收尽、牛肉变色时加入1继续翻炒。炒香后，加入胡椒粉和混合后的Ⓐ煮沸。

牛肉盖饭

我们平常熟悉的牛肉盖饭，用腌好再冷冻的食材制作的话，也十分美味。提味用的昆布茶起了很大的作用。

材料（2 人份）

甜面酱口味的牛肉片（如前页）1 袋
温热的米饭 400g
洋葱 1/2 个

Ⓐ
昆布茶 1/3 小匙
水 200mL
酒 1 大匙
料酒 1 大匙
白糖 1 大匙
酱油 1 大匙

色拉油 2 小匙
温泉蛋 2 个
红姜丝少许

1　将洋葱竖切成 1cm 宽的条状。

2　平底锅内放入色拉油，中火烧热，放入冷冻的牛肉翻炒。汤汁快要收尽、牛肉变色后加入洋葱继续翻炒。洋葱变软之后加入Ⓐ，中火煮约 5 分钟。

3　碗里盛入米饭，将带着汤汁的②浇上去。再放上温泉蛋，加入红姜丝。

要点

将冷冻成薄片状的肉片，硬掰下来放入平底锅中。

31

材料（2 人份）

甜面酱口味的牛肉片(P.30)
1/2 袋
土豆 2 个
春卷皮 3 张
面糊 │ 低筋面粉 2 大匙
　　 │ 水 1 大匙
色拉油适量
意大利香芹适量

1. 将土豆洗完之后用保鲜膜包起来，用 600W 的微波炉加热 5 分钟左右，土豆剥去皮用叉子压碎，和面糊混合在一起。

2. 根据下图的要领，按照一层土豆、一层尽量切成小片的牛肉、再一层土豆的顺序放在春卷皮上包起来，两端用面糊封上。按此方法制作 3 个。

3. 平底锅内放入较多的色拉油烧热，将 2 的两面炸至香脆。切开之后盛在容器中，放入意大利香芹。

★ 也可加入番茄酱和椒盐。

菜品 _ ③

牛肉土豆泥春卷

香浓的甜辣味道和土豆十分搭配，用春卷将美味的组合包起来吃，香味四溢。

要点

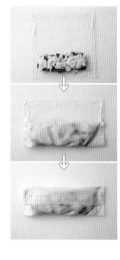

在春卷皮的前侧放上 1/6 分量的土豆泥铺开，再放上 1/3 分量的冷冻牛肉，再放上一层 1/6 分量的土豆泥。在两侧和里面都涂上面糊，叠 3 折，将两端封上。

菜品 _ ④

牛肉煮油豆腐

油豆腐与大葱，滋味丰富的食材组合在一起，
再融入调味后的冷冻牛肉的香味，美味更胜一等。

材料（2人份）

甜面酱口味的牛肉片（P.30）1/2 袋
油炸豆腐 1 块
葱 1 根

昆布茶 1/3 小匙
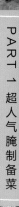水 200mL
白糖、酒、酱油各 2 小匙
色拉油 1 小匙

1　将油豆腐竖切成两半，再切成 1cm
　　宽的小块（按照 12 等份的标准），
　　大葱斜切成 1cm 宽的葱段。

2　锅内加入色拉油烧热，放入冷冻的牛
　　肉翻炒。炒至肉末分开、汤汁快要收
　　尽、炒出香味的时候，加入Ⓐ煮开。

3　加入1，中火煮 3 ～ 4 分钟。

33

鲑鱼

多买一些鲑鱼，腌制后冷冻起来，味道更美味。用香料腌制后，口味会改变，腥味也会减少。盐味包裹住鱼身，再涂上一层油，会散发出浓烈的味道。

材料（1袋）

生鲑鱼两段
混合香料 1 撮
盐 1/4 小匙
胡椒粉 少许
橄榄油 1 大匙

在保鲜袋里放入除鲑鱼外的材料混合搅拌，制作腌制汁。将鲑鱼放入袋中，注意不要把鱼肉弄碎，涂上腌制汁（图ⓐ），鱼肉间隔放置，排出空气后封口（图ⓑ）。放在平底盘上冷冻。

冷冻
1个月

食用建议

推荐用于西式菜肴。可用于嫩煎或者奶油煮的菜肴，也可以作为意大利面和汤的配菜。煎烤后可以用作沙拉的原料。

菜品 _ ❶

葡萄酒蒸鲑鱼

蔬菜和香料混合，更能增添风味。

材料（2人份）

香料腌制的鲑鱼（如上述）1 袋 芹菜 1/4 根 西红柿 1/4 个 盐、胡椒粉各少许 白葡萄酒 50mL 雪维菜、莳萝、罗勒、意大利香芹等香料各适量

1 芹菜去除纤维后斜切成 2mm 厚，西红柿去蒂后切成 1cm 见方小块。

2 在炖锅或是锅里放入冻鲑鱼，加入 1，撒上盐、胡椒粉和白葡萄酒，开火。煮沸之后盖上锅盖，小火煮 3 分钟左右，至完全煮熟。将香料切成碎末，多种香料混合起来撒在鱼肉上。

菜品_❷

奶酪焗鲑鱼

鲑鱼配上白沙司美味无比。

材料（2人份）

香料腌制的鲑鱼（如前页）1袋 西蓝花 60g
蟹味菇 30g 水煮鹌鹑蛋 6 个 ❹（牛奶 250mL
淀粉 1 大匙 盐 1/3 小匙 胡椒粉少许 黄油 1
大匙）比萨用的奶酪 3 大匙 盐（焯盐水用）

1. 将鲑鱼用刀切开自然解冻，切成易食用的
   大小。西蓝花掰成小朵，焯盐水。去除蟹
   味菇根部，将其撕开。将以上材料和煮好
   的鹌鹑蛋一起摆入涂上黄油（分量外）的
   耐热容器中。

2. 锅内放入 ❹，用起
   泡器边混合边煮沸，
   达到一定浓度后，
   倒在 1 的表面，加
   上奶酪。在 220℃
   的烤箱内烤 8 分钟
   左右，烤至金黄色。

   要点

   将食材放在容器内，
   加入酱汁和奶酪。

菜品_❸

法式黄油烤鲑鱼

在冻鲑鱼表面裹上面粉，
用黄油一边煎鱼肉一边解冻。

材料（2人份）

香料腌制的鲑鱼（如前页）1袋 低筋面粉适量
杏仁片 1 大匙 柠檬汁 1 大匙 盐 1/4 小匙 胡椒粉
少许 黄油 4 大匙 豌豆（盐水焯过）、土豆（切
成半月形，把棱角刮圆，焯水）各适量

1. 将鲑鱼在冷冻状态下裹上面粉。平底锅内放
   入 1 大匙黄油烧热，把鲑鱼放进去两面煎至
   金黄色。

2. 小锅里放入剩下的黄油和杏仁片，中火翻炒，
   炒至金黄色后关火。加入柠檬汁、盐和胡椒
   粉混合。

3. 将 1 装盘，加入 2。添入竖切成两半的豌豆
   和土豆。

35

❄

鲑鱼

用易于搭配的酱油为基础将鲑鱼腌好后冷冻。由于料酒这样的调料具有保持水分的作用，即使冷冻起来，也不用担心鲑鱼会变干。由于料酒是液体，所以适合所有的鱼类。

材料（1袋）

生鲑鱼 2 段
酱油 2 小匙
酒 2 小匙
料酒 2 小匙

在保鲜袋里放入除鲑鱼之外的材料混合均匀后，将鲑鱼放入袋中，注意不要把鱼肉弄碎，涂上调味汁，鱼肉间隔放置，排出空气后封口。放在平底盘上冷冻。

冷冻
1个月

食用建议

和蔬菜一起放在锡纸上烤制，或将烤好的鱼肉切片，作为三色盖饭或者炒饭等米饭类的配菜，非常方便。

菜品 _ ❶

日式鲑鱼意大利面

煮意大利面的时候，可同时翻炒鲑鱼和蔬菜。

材料（2 人份）

酱油口味的鲑鱼（如上述）1 袋（意大利面 160g 盐适量）茄子 1 根 姜末 1 小匙 红辣椒切小圈少许 Ⓐ（酒、酱油各 1 大匙）紫苏叶切丝 4 片 橄榄油 2 大匙

1 茄子去蒂，切成 5mm 厚的圆片，在水里泡 10 分钟后去除水分。将盐加入充足的水中煮沸，按照包装袋上的说明煮面。

2 平底锅内放入 1 大匙橄榄油烧热，茄子煎至金黄，加入姜末、红辣椒圈翻炒，加入冷冻的鲑鱼一边翻炒，一边用铲子将鱼肉分开。加入Ⓐ、意大利面以及 50mL 面汤搅拌，再加入剩下的橄榄油和一半紫苏叶混合均匀。装盘，用剩下的紫苏叶装饰。

菜品 _ 2

鲑鱼炒时蔬

用腌好的鲑鱼烹制，美味倍增。加入大酱后，更能提升味道。

材料（2人份）

酱油口味的鲑鱼（如前页）1袋

圆白菜 1片

土豆 1个

金针菇 50g

Ⓐ 酒 1/2 大匙
料酒 1/2 大匙

黄油 1 大匙

青葱斜切适量

1 将圆白菜切成 4cm 宽小块，土豆去皮切成 1cm 厚的圆片，蒸熟或者在微波炉里加热。金针菇去根，按长度切成一半，根根分开。将Ⓐ混合。

2 平底锅内放入黄油烧热，加入冷冻的鲑鱼和1一起煎烤，变色之后翻面。烤至金黄色之后加入Ⓐ混合，用铲子将鲑鱼大致分开。

3 装盘，撒上葱花。

要点

黄油烧热后，平底锅内放入冷冻的鲑鱼，此时放入蔬菜，一边解冻一边煎烤鲑鱼。两面都煎完后，加入酱汁。

37

番茄口味

鳕鱼

在清淡的鳕鱼中加入番茄和蒜的味道再冷冻保存。水分流失后，味道浓缩到鱼肉中。形成的油膜可以起到防止氧化和干燥的作用。

冷冻
1个月

材料（1袋分量）

鳕鱼 2 段
小番茄罐头 1 大匙
蒜末 1/3 小匙
盐 1/4 小匙
胡椒粉少许
橄榄油 1 大匙

★番茄罐头使用超市卖的就行，没有的话，用 1¹/₂ 匙番茄酱代替也可以（不加盐）。

鳕鱼去骨，切成 3cm 宽的块状。在保鲜袋里放入其他材料混合。将鳕鱼裹上调料，注意不要把鳕鱼弄碎，鱼肉间隔放置，排出空气后封口。放在平底盘上冷冻。

食用建议 - - - - - - - - - - - - - - - - -

既可以裹上面包粉烤或煎炸，也可以作为意大利面和汤的配菜。蒸熟之后与葡萄柚和芹菜的味道十分搭配，也可用于制作沙拉。

菜品 _ ❶

鳕鱼蛋黄酱

鳕鱼中加入莳萝可以提香。

要点

材料（2人份）

番茄口味的鳕鱼（如上述）1袋 蛋黄酱3大匙
莳萝碎末 1 小匙

1. 在耐热容器中放入鳕鱼，盖上保鲜膜，放入 600W 的微波炉中加热 4 分钟，用余热继续加热 2 分钟。

2. 鳕鱼去皮，用捣蒜棒将鱼肉捣碎，加入蛋黄酱和莳萝调味。

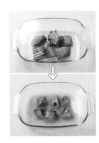

鱼肉经过微波炉加热后再蒸，口感会非常润滑。

★请加在法棍面包上食用。

菜品 _ ❷

鳕鱼酸辣汤

腌过的冻鳕鱼味道更鲜美，做出的菜品味道一绝！

材料（2人份）

番茄口味的鳕鱼（如前页）1袋 洋葱 1/4 个 胡萝卜4cm 白葡萄酒2大匙 姜黄 1/2 小匙 固体浓缩高汤1个 水400mL 毛豆（焯盐水）16粒 盐、胡椒粉各少许 橄榄油1 小匙 意大利香芹适量

1　将洋葱切成薄片，胡萝卜切丝。

2　锅中放入橄榄油烧热，用小火慢慢翻炒❶，放入冷冻的鳕鱼，加入白葡萄酒。加入姜黄、高汤块和水，煮8分钟左右，加入毛豆，用盐和胡椒粉调味。

3　装盘，加入意大利香芹。

菜品 _ ❸

酥炸鳕鱼

鸡蛋的香浓、罗勒的香气和番茄的味道十分搭配。

材料（2人份）

番茄口味的鳕鱼（如前页）1袋 鸡蛋2个 罗勒切碎2片 盐、胡椒粉、面粉各少许 泡打粉1大匙 黄油煎西葫芦片6片 油菜花（焯盐水）适量

1　碗里打入鸡蛋，加入罗勒、盐和胡椒粉混合。冷冻的鳕鱼裹上面粉和泡打粉，掸去多余的面粉后裹上鸡蛋液。

2　将黄油放入锅中烧热，加入❶，蛋液凝固后翻面。取出，裹上蛋液翻面煎，反复直至蛋液用光。

3　盛到容器中，放上油菜花和用黄油煎过的西葫芦片作为装饰。

鱿鱼

经过腌制冷冻，鱿鱼的甜味会增加，口感会变软，因此鱿鱼很适合冷冻。带皮也很鲜美，所以无须去皮。只需要加入酱油、酒、料酒做简单调味，就可以制作多种菜肴。

材料（1袋）

鱿鱼 1条 （小的2条）
酱油 2小匙
酒 2小匙
料酒 2小匙

1 将手指插入鱿鱼的身体内，取下肠和身体内的筋，一只手按住足部，另一只手轻轻地将其拔出（如图ⓐ、ⓑ），软骨也拔掉。

2 将鱿鱼用清水洗干净后切成圆筒状（如图ⓒ）。在眼睛以下部分，切掉鱿鱼须（如图ⓓ），去嘴（如图ⓔ）。将足须部分每两根切成一组，每组切成4cm的长段（如图ⓕ），去掉身体和足须部分的水分。参考P.12中2～3的要领，将鱿鱼和足须放入保鲜袋，加入调料，封口。在袋子外揉搓，平铺冷冻。

冷冻
1个月

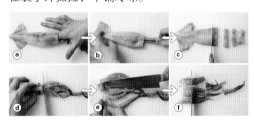

------------------------------------ **食用建议**

可用于制作炸鱿鱼、天妇罗、炒菜、煎菜等。

菜品 _ ❶

烤鱿鱼

香味四溢，勾起食欲。

材料（2人份）

酱油口味的鱿鱼（如上述）1袋 小青椒4个
香菇4朵 酱油、料酒各1小匙

将青椒用刀切小口，香菇去根，表面切出几道较细切口，将酱油和料酒混合涂抹至表面。将冻鱿鱼在烤鱼盘上摆好，用中火烤5分钟左右，烤至金黄色即可。

菜品 _ ❷

洋葱腌鱿鱼

将鱿鱼用微波炉加热后蒸熟，使其变得湿润、柔软。

材料（2 人份）

酱油口味的鱿鱼（如前页）1 袋 洋葱 1/2 个 姜丝少许 三叶草 10 枝 柠檬皮切丝 1/6 个 柠檬汁 2 大匙 盐、胡椒粉各少许 橄榄油 1 大匙

1　将冻鱿鱼放入耐热容器中，盖上保鲜膜，用 600W 的微波炉加热 4 分钟。放置 2 分钟，用余热继续加温。

2　将洋葱切成薄片过水，用厨房用纸擦干水分。生姜切成细丝放入水中，取出沥干水分。三叶草切成 3cm 长段。

3　将所有材料放入大碗中，搅拌均匀。

菜品 _ ❸

芋头炖鱿鱼

腌后的冻鱿鱼，
适合做各种日式风味的炖菜。

材料（2 人份）

酱油口味的鱿鱼(如前页) 1 袋 芋头 250g 高汤调味 1/2 小匙 水 300mL 酒、酱油各 1 大匙 砂糖 1 大匙

1　将芋头洗干净，焯水 10 分钟后去皮，将大块的芋头切成两半。

2　将除了鱿鱼以外的所有材料放入锅中煮，沸腾后撇沫，加入冻鱿鱼。在烤箱用纸上开孔，盖在上面，用小火炖煮 20 分钟。装盘，如果有花椒芽的话，可以加其点缀。

要点

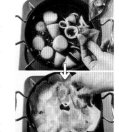

将鱿鱼放入煮开的调味汁中，一边解冻一边炖煮。用纸做盖，能让鱿鱼的鲜美更好地煮到芋头中去。

41

虾

将盐涂抹在虾的身上冷冻,可以去除虾中多余的水分,使虾肉更紧实,味道更鲜美,吃起来口感更有弹性。使用香料和葡萄酒既可以去除腥味,又可以创造出新的口味。

材料(1袋分量)

虾 16 只
辣椒粉 1/2 小匙
咖喱粉 1/2 小匙
盐 1/4 小匙
白葡萄酒 1 大匙

取出背部虾线,去壳留虾尾。参考 P.12 中步骤 2、步骤 3 的要领,将虾和其他材料放入保鲜袋中,封口。从袋子外面充分揉搓,不要让虾重叠,铺平冷冻。

冷冻
1个月

食用建议 - - - - - - - - -

香料口味的虾特别适合做西餐或者具有民族特色风味的料理,也是葡萄酒、啤酒等很好的下酒菜。

菜品 _ 1

蒜蓉明虾口蘑

橄榄油里也充满了虾的鲜美味道。

材料(2人份)

香料腌虾 1 袋 口蘑 6 个 蒜末 1 小匙 红辣椒切小圈少许 盐 1/3 小匙 欧芹切末少许 橄榄油 100mL

1 竖切口蘑,将其分成两半。

2 将蒜末、橄榄油放入锅中加热,蒜末炒至金黄色后加入红辣椒、1 和盐混合,再加入冻虾翻炒。虾炒熟后,撒上欧芹。

菜品 _ 2

酸辣虾汤

使用预先腌过的虾，就能轻松品尝到正宗的味道。

材料（2人份）

香料腌虾（如前页）1袋 香菜1根 Ⓐ（柠檬草1根 生姜切薄片4片 马蜂橙叶或月桂叶2片 青辣椒、红辣椒各2根 固体浓缩高汤1个 水400mL）杏鲍菇1根 小西红柿（红色、黄色）各4个 Ⓑ（柠檬汁1大匙 鱼露1大匙 砂糖1小匙）

★马蜂橙叶是马蜂橙的叶子，是具有柑橘系清新味道的香草。

1　将香菜去根，用刀背拍打，剩下部分切成3cm长段。柠檬草斜切5mm厚，杏鲍菇按照长度一切两半，再纵刀切片。小西红柿去蒂。

2　将Ⓐ和香菜根放入锅中煮至沸腾，加入冻虾、杏鲍菇、小西红柿和Ⓑ，将虾煮熟，调味。装盘，放上香菜。

菜品 _ 3

鲜虾春卷

使用香料腌制的鲜虾制作，味道格外美味。

材料（2人份）

香料腌虾（如前页）8只 生春卷皮4片 猪肉片60g 生菜2片 黄瓜1根 粉丝40g 香菜适量 调味蘸汁（鱼露、柠檬汁各1小匙 水2小匙，红辣椒切小圈少许 砂糖1/2小匙）

★调味蘸汁也可以用沙拉的调味汁代替。

1　将虾和肉片放入耐热容器中盖上保鲜膜，用600W的微波炉加热3分钟，放置2分钟。切除虾尾，按厚度切成2片。生菜、黄瓜切丝，粉丝焯水2分钟切成10cm长，将香菜叶摘掉。

2　将生春卷皮打上水，放在拧干的毛巾上。将 1 蒸好的汁涂在春卷皮上。靠近自己一边放上粉丝、生菜、猪肉和黄瓜，里面4cm处放上虾和香菜。将两边折成直角，从里向外卷。装盘，加入混合的调味蘸汁。

竹荚鱼

购买新鲜的竹荚鱼后，将吃不完的部分腌过再冷冻，可以使美味保存下来。冷冻期间生姜的香味会渐渐渗到鱼肉中，这样竹荚鱼特有的腥味就不明显了。

冷冻
1个月

材料（1袋）

竹荚鱼分成 3 片
或者较大的鱼肉
块 2 块（小的鱼
肉块 4 块）
生姜切丝 4 片
酒 2 小匙
酱油 2 小匙

将除竹荚鱼以外的调料装入保鲜袋混合，将竹荚鱼放入保鲜袋，注意不要将鱼肉挤碎，不要让鱼肉重叠，排出空气后封口。放在平底盘上冷冻。

> **食用建议** - - - - - - - - - - - - - - -

可以撒上芝麻煎烤，也可以熬煮或者油炸。沙丁鱼和秋刀鱼等其他的青鱼也可以用这样的方式制作。

菜品 _ ❶

油炸竹荚鱼

因为已经入味，直接带着外皮煎炸就可以。

材料（2 人份）

生姜酱油口味的竹荚鱼（如上述）1 袋　低筋面粉
2 大匙　搅匀的蛋液 1 个　面包粉 2/3 杯　色拉油适量
小西红柿、圆白菜切丝、蛋黄酱各适量

1　将冷冻的竹荚鱼裹上面粉，掸掉多余的面粉，
　　加入蛋液，裹上面包粉，加入较多的油，炸至
　　金黄色。

2　按照个人喜好切块装盘，添加小西红柿、圆白
　　菜丝和蛋黄酱。

菜品 _ ❷

梅子煮竹荚鱼

只需边解冻边熬煮 5 分钟，就可以深深地入味。

材料（2 人份）

生姜酱油口味的竹荚鱼（P.44）1袋 Ⓐ（梅子干2个 昆布茶1/3小匙 酱油1小匙红糖1大匙 酒1大匙水100mL） 油菜花（焯盐水）适量

要点

1 将Ⓐ放入锅中煮开，加入冷冻的竹荚鱼。在烤箱用纸上开孔，盖在上面，煮5分钟将汤汁煮干。

2 装盘，添上油菜花。

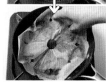

等汤汁煮开后放入冷冻的竹荚鱼，用纸做盖可以使竹荚鱼更好地吸收汤汁入味。

菜品 _ ❸

竹荚鱼炒饭

做成鱼肉松的竹荚鱼与米饭相得益彰！

材料（2 人份）

鱼肉松（生姜酱油口味的竹荚鱼 1/2 袋 酒、料酒、酱油各 1/2 大匙 白糖 1/2 大匙） 米饭 300g 鸡蛋1 个 油菜切末 40g 熟芝麻（白）1 小匙 芝麻油 1大匙 盐、胡椒粉各适量。

1 在平底锅中放入鱼肉松的材料，用铲子边将冷冻竹荚鱼分成小块，边将汤汁熬尽收火。

2 用另一只平底锅烧热芝麻油，将蛋液倒入锅中，放入米饭混合。加入油菜、❶和芝麻再次混合搅拌，放入盐和胡椒粉调味。

要点

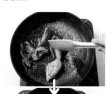

边加热解冻边将竹荚鱼弄碎，要使汤汁充分渗入鱼肉中。

45

值得拥有的
冷冻速食酱汤

将速食酱汤冷冻保存后，即使在时间紧张的清晨，也可以快速做好一碗美味的酱汤。只需将自己喜欢的一些配菜和酱料用保鲜膜包起来就可以了，酱料可以按自己的喜好来进行搭配。

保存方法

用保鲜膜包成茶巾形状，再用封口胶带缠好固定。放入保鲜袋冷冻，可以保存1个月左右。

使用方法

ⓐ将速食酱汤放入150mL沸腾的热水中解冻即可。ⓑ带便当的时候，可以直接携带。放到午餐时间的话会自然解冻，只要将速食酱汤放入杯中，倒入热水就可以了。

冻豆腐和油菜

生油菜直接冷冻即可。

材料（1人份）
混合酱料15g　冻豆腐2g　油菜10g

将冻豆腐切成5mm厚的小块。油菜的茎部切成小段，叶部切成2cm的长段。将所有的材料混合，用保鲜膜包成茶巾状。

樱虾和毛豆、葱

樱虾的鲜美味道是这道速食酱汤的关键。

材料（1人份）
白酱25g　樱虾2g　长葱10g毛豆（焯盐水）6颗　高汤调味料少许

将长葱横切小段。所有材料混合，用保鲜膜包成茶巾状。

裙带菜和油炸豆腐

最佳的组合，安心的味道。

材料（1人份）
混合酱料15g 切碎的裙带菜2小匙　油炸豆腐10g 高汤调味料少许

油炸豆腐切成2cm长段。所有材料混合，用保鲜膜包成茶巾状。

梅干和海带薄片

梅干的酸味配上海带的鲜味非常绝妙。

材料（1人份）
混合酱料10g 梅干1个 切薄的海带片1g 青葱1g

梅干取核，海带片用手撕碎，青葱切小段。将除了梅干以外的材料混合，最后加上梅干用保鲜膜包成茶巾状。

菠菜和金针菇

金针菇冷冻后美味激增。

材料（1人份）
混合酱料15g　金针菇10g 菠菜10g 高汤调味料少许

金针菇去根，切成2cm长段。菠菜切成3cm长段，轻轻拧干水分。将所有材料混合，用保鲜膜包成茶巾状。

西红柿干和罗勒、杏鲍菇

和西式料理也意外的搭配！

材料（1人份）
白酱20g 西红柿干1g 小罗勒2片 杏鲍菇10g 高汤调味料、盐、胡椒粉各少许

西红柿干切成5mm的小块，罗勒竖切后切丝，杏鲍菇切成3mm棒状。将所有材料混合，用保鲜膜包成茶巾状。

PART 2

让食物更美味！让烹饪更轻松！

不同食材的冷冻备菜方法

冷冻

将食材直接或简单处理后冷冻，可以增加食材的鲜美，使其更快做熟，增添新的口感。本书收录了很多好的冷冻方法和丰富的食谱。泡发比较浪费时间的干菜，集中泡发后再冷冻会非常方便。本章将按照蔬菜、鸡蛋、豆制品、干货、水果等类别进行介绍。

使用方便，趁着新鲜冷冻

蔬菜

严选那些冷冻后美味升级、容易烹饪的蔬菜。普通菜肴也会变得更加好吃。

直接冷冻

圣女果

冷冻后，代表鲜美成分的谷氨酸会增加，美味也会更加升级。由于西红柿类的纤维很容易断，炒碎，可以做成番茄酱。用于煮菜料理中，可以品尝到更加浓郁的味道。

材料（容易制作的分量，2袋）

圣女果 400g

圣女果去蒂清洗，用厨房用纸擦去水分，放入保鲜袋中冷冻。

冷冻
1个月

食用建议

无须解冻，直接用于烹饪中，由于泡水后，可以轻松快速地剥去表皮，用于做腌菜和泡菜都很方便。直接食用也非常美味。

菜品 _ ❶

番茄酱意大利面

具有果肉感，浓厚的番茄酱让意大利面有了丰富的味道。

材料（2人份）

番茄酱（冷冻的小西红柿2袋 蒜末1小匙 洋葱切末50g 盐、胡椒粉各少许 橄榄油1大匙）斜管面等短意大利面160g 盐、胡椒粉各适量 橄榄油1大匙 帕玛尔干酪弄碎、罗勒各适量

1 制作番茄酱，在锅中倒入橄榄油，放入蒜末用小火炒出香味，变色后加入洋葱翻炒。按个人喜好加入冷冻的去皮圣女果，加入盐、胡椒粉煮10分钟左右。

2 按照包装袋的指示时间将意大利面煮熟，将意大利面、盐、胡椒粉各少许，橄榄油加入1，大致搅拌，装盘，撒上干酪、罗勒和胡椒粉。

菜品 _ 2

弗朗明哥口味煮鸡蛋

是一道以圣女果为主角的红色炖菜。与鸡蛋的嫩黄相得益彰，令人充满食欲。冷冻的圣女果和香肠、青豆等，各种味道融入菜中，口味绝佳。

材料（2人份）

冷冻的圣女果 8 个
辣味小香肠 4 根
西葫芦 1/3 根
土豆 1 个
蒜末 1/2 小匙
混合豆类（水煮罐头）15g
固体浓缩高汤 1/3 个
　水 100mL
Ⓐ 番茄小罐头 1 大匙
　盐、胡椒粉少许

鸡蛋 2 个
意大利香芹适量

1. 将辣味小香肠斜切成 4cm 长段，西葫芦切成 1cm 见方、4cm 长的条状。土豆去皮切成 1cm 见方、4cm 长的条状，一起焯水。

2. 将橄榄油和大蒜放入平底锅中炒出香味，加入 1 炒香。放入弄碎的固体高汤、Ⓐ、冷冻的圣女果和混合豆类，小火煮。

3. 将2放入耐热容器中在中间打上鸡蛋，放入温度设定为 200℃的烤箱烤 4 分钟左右，烤至鸡蛋呈半熟状。撒上意大利香芹末做装饰。

重点

将香肠和蔬菜炒熟后，加入冷冻的圣女果一起熬煮。

将鸡蛋打到美味浓缩的番茄炖菜中后，放入烤箱。

49

彩椒

为了方便使用，将彩椒切成细丝，直接放入保鲜袋中冷冻保存。以颜色事先区分好更加方便。青椒也可以用同样的方式冷冻保存，苦味会变缓和，即使是不喜欢吃的人也可以轻松食用。

冷冻
1个月

材料

彩椒（黄、红）各 1 个

将彩椒分别洗好，擦去水分，去籽去蒂，切成 1cm 宽、4cm 长的条状，黄色和红色彩椒分别放入保鲜袋中冷冻。

食用建议

冷冻彩椒可以直接用于烹饪，还可以为料理增添色彩。与西式泡菜、法式炖菜、腌菜和韩式泡菜、炒菜、肉和鱼料理都可以搭配。

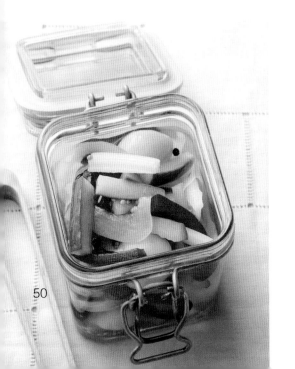

菜品 _ ❶

西式泡菜

只要将冷冻的彩椒放入煮好的泡菜汁中即可。

材料（容易制作的分量）

冷冻的彩椒（黄、红）各 50g　煮熟的鹌鹑蛋 8 个　黄瓜 1 根　芹菜 1/2 根　泡菜汁（醋 120mL 白糖 3 大匙 盐 2 小匙 水 80mL 桂皮 1 片 芥末籽 1 小匙 黑胡椒粒 10 粒）

1. 将黄瓜和芹菜切成 1cm、宽 4cm 长的小段。

2. 将泡菜汁的材料放入不锈钢容器或搪瓷锅中煮沸，加入剩余材料。再次沸腾后关火，来回翻转至常温冷却，放入密封容器中。

★在冷藏室内可以保存 2 ~ 3 周时间。

法式炖菜

使用冻彩椒制作的话甜味会更明显，需要快速开火加热。

材料（2人份）

冷冻彩椒（黄、红）各 50g
大蒜 1 片
洋葱 50g
西红柿（全熟）2 个
茄子 1 根
西葫芦 1/2 根
盐、胡椒粉各适量
百里香 1 枝
橄榄油 1 大匙

1. 将大蒜、洋葱切末，西红柿切 1cm 小块，茄子和西葫芦切成 1cm 厚、4cm 长的条状，茄子泡水撇沫。

2. 在锅中倒入 1 小匙橄榄油和蒜末，中火加热。炒出蒜香后，放入洋葱继续用中火翻炒，加入西红柿、少许盐、胡椒粉和百里香熬煮 10 分钟左右。

3. 在平底锅中加入 1 小匙橄榄油烧热，放入茄子、西葫芦和盐煎一下。待煎到轻微变色后，放进 ② 的锅中。

4. 在 ③ 中的平底锅加入 1 小匙橄榄油烧热，放入冷冻的彩椒和少量盐，稍微煎一下，待水分煎出轻微变色后，放入 ③ 的锅中。煮一会儿，加入少量盐和胡椒粉调味。

要点

将冷冻的彩椒放到锅中直接翻炒，边解冻边蒸发水分。

最后将剩下的蔬菜和彩椒放在一起，稍煮即可。

51

洋葱

洋葱冷冻后，会增加鲜味和甜味，因为很容易熟，所以要快速加热。洋葱切片铺开放置 15 分钟左右，将会增加有益于血液的大蒜素成分。

冷冻
1 个月

材料（容易制作的分量，2 袋）

洋葱 2 个（400g）

将洋葱沿着纤维切成薄片，铺开，在空气中放置 15 分钟左右。放入保鲜袋中，铺平，排出空气，密封冷冻。

食用建议

冷冻洋葱可以直接用于烹饪。用来做洋葱奶汁烤菜等汤菜和炖菜的原料，用于炒菜中，还可以直接用于沙拉和凉拌菜中。

菜品 _ ❶

亲子饭

冷冻洋葱还可以起到提味的作用。

材料（2 人份）

冷冻洋葱 70g 鸡腿肉 140g 鸡蛋 3 个 三叶草 1/4 支（10g）Ⓐ（高汤调味料 1/3 小匙 水 100mL 酒、清淡酱油各 2 大匙 白糖 1 大匙）米饭 400g 色拉油 1 小匙

1. 将鸡蛋打匀，三叶草切成 2cm 长段，鸡肉切 2cm 见方小块，混合Ⓐ。

2. 在平底锅中加热色拉油，鸡皮朝下用微火煎鸡肉，再用厨房用纸将锅中多余的油脂吸掉。

3. 在②中加入冻洋葱与Ⓐ，用中火煮。鸡肉熟后，将蛋液的 2/3 加入锅中，盖上锅盖小火加热 1 分 30 秒。放入三叶草和剩下的蛋液，关火，加盖放置 15 秒，将米饭盛到碗里，在上面浇上汤汁。

菜品 _ ❷

洋葱烤干酪鸡汤

使用冻彩椒制作的话甜味会更明显，需要快速开火加热。快速加热是烹饪冻洋葱和这道菜的诀窍。

材料（2人份）

冷冻洋葱 300g
蒜末 1/4 小匙
固体浓缩高汤 1/2 块
水 400mL
盐、胡椒粉少许
色拉油 1 小匙
蒜香吐司 4 片
比萨用的奶酪 2 大匙
欧芹切末 适量

★蒜香吐司是将5mm厚的长条面包4片放入烤箱中烤，从中间切开，放入1片大蒜，涂上1/2小匙色拉油，再放入烤箱中烤制。

1　在平底锅中加入色拉油与蒜末，用中火加热。炒出香味后再加入冷冻的洋葱，摊开使其水分蒸发，煎烤至变色之前注意不要混合搅拌。变色后，加入少许的水将锅底刮干净，使全体上色。再次摊平洋葱，重复此步骤。

2　加入弄碎的固体浓缩高汤、剩下的水、盐和胡椒粉稍微煮一会儿，装入耐热容器中。

3　将奶酪放在蒜香吐司上，烤箱设定230℃烤约8分钟至焦黄色。撒上欧芹。

要点

将冷冻的洋葱直接放入锅中，由于冷冻状态，水分很容易蒸发，很容易就能炒至琥珀色。

53

口蘑

蘑菇通过冷冻可以提升其鲜美成分，味道变得更好。由于口蘑容易损坏，需要在新鲜的时候将其冷冻。这里介绍几道利用冷冻口蘑能做出的美味食谱。

材料（容易制作的分量，2 袋）
口蘑 2 大包（约32个）

使用刷子之类的工具除去蘑菇表面的污垢，切除蘑菇柱轴的变色部分。放入保鲜袋排出空气，冷冻。

冷冻
1个月

食用建议

可以直接冷冻使用。也可以用于腌泡、西式泡菜、煮菜和汤中。用于意大利面、炒菜、肉菜也非常适合。

菜品 _ ❶

腌制口蘑

放入大蒜用热油加热解冻。

材料（2人份）

冷冻口蘑 24 个 洋葱 1/2 个 大蒜 1 片 橄榄油 2 大匙 调味汁（芥末粒 1 小匙 白葡萄酒、醋各 1 大匙 盐 1/4 小匙 胡椒粉少量 橄榄油 2 大匙） 水芹等个人喜欢的香草

1 将口蘑在室温环境下放置几分钟，半解冻后竖切一分为二，洋葱切薄片。将大蒜一切两半取出芯部，用刀背将大蒜拍碎。

2 将调味汁倒入大碗中，用打泡器将其混合搅拌备用。

3 向平底锅中倒入 1 大匙橄榄油和大蒜，用微火加热。炒香后，放入口蘑用大火翻炒，炒出香味后，加入2。

4 向3 的平底锅中倒入 1 大匙橄榄油加热，放入洋葱翻炒出甜味。将所有材料倒入大碗中混合搅拌，放置常温冷却，加入水芹装饰。

菜品 _ ❷

洋葱口蘑牛肉盖饭

有了冷冻口蘑，汤汁熬煮 10 分钟就可以完全入味了。

材料（2 人份）

冷冻口蘑 8 个

洋葱 1 个

西红柿 1/2 个

牛肉切片 200g

盐、胡椒粉各适量

炖煮酱汁（罐头）

酱汁 ｛ 1 罐（290g）

白葡萄酒 50mL

水 100mL

黄油 2 大匙

黄油饭全量

意大利香芹适量

★黄油饭指将300g冷冻米饭（P.6）放入耐热容器中，1 大匙黄油覆盖在上面，加入盐和胡椒粉各适量。盖上保鲜膜用 600W 的微波炉加热 3 分钟左右，搅拌混合。

1 将口蘑在室温中放置几分钟，半解冻后切成 5mm 厚的薄片，洋葱切成薄片，西红柿切成 1cm 见方小块，牛肉撒上 1/3 小匙盐和少量的胡椒粉。

2 将 1/3 黄油倒入平底锅中加热，放入口蘑炒出香味后取出，再加入 1/3 的黄油加热，放入牛肉炒出香味后取出。

3 在2的平底锅中放入剩下的黄油加热，放入洋葱炒出香味，加入西红柿。将加入水和白葡萄酒的炖煮酱汁加入锅中，熬煮 10 分钟左右，加入2，再加入少量的盐和胡椒粉调味。

4 将黄油炒饭和3 一起装盘，加入意大利香芹装饰。

要点

将冷冻口蘑解冻至可用刀切开的程度，切成 5mm 厚的薄片，用黄油炒出香味。

55

豆芽

豆芽容易损坏，吃不完的情况也很多。趁其新鲜，将其冷冻起来的话，就不会浪费了。与鲜豆芽清脆的口感不同，冷冻后会变得比较柔软。

材料（容易制作的分量，2袋）

豆芽 2袋400g

将豆芽泡在冷水里可以使其口感更加清脆，去除须根，用厨房用纸擦去表面水分，放入保鲜袋中，排出空气，冷冻。

★繁忙的时候买一袋豆芽可以直接冷冻起来，简单清洗沥干即可用于烹饪，即使带着须根也是可以的。

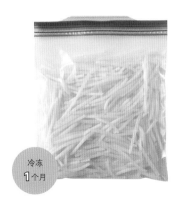

冷冻
1个月

食用建议

冻豆芽可以直接或者热水焯后用于料理中。由于豆芽会出水，炒菜或凉拌菜中，去除水分是关键。

菜品 _ ❶

金枪鱼蛋黄酱拌豆芽

煮后的豆芽很柔软，与沙司酱充分混合。

材料（2人份）

冷冻豆芽1袋 金枪鱼罐头1罐（125g） 蛋黄酱3大匙 芝麻碎1大匙 盐、胡椒粉各少许 盐（焯盐水用）

1　冻豆芽用沸腾的盐水焯30秒，用笊篱捞出，冷却后，拧干水分。

2　在大碗中放入去汤汁的金枪鱼、蛋黄酱、芝麻碎和1混合搅拌，放入盐和胡椒粉混合调味。

★可以加入成长条状的芹菜与胡萝卜等蔬菜加在上面进行装饰。

要点

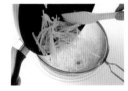

将冻豆芽焯水解冻，充分去除水分是关键。

菜品 _ ②

鸡肝韭菜炒豆芽

用盐炒豆芽，可以将水分炒出是这道菜的关键。

材料（2人份）

冷冻豆芽（前页）2 袋 盐少许（鸡肝200g 酒、胡椒粉各 1 小匙 淀粉 2 大匙）韭菜 1/2 把 大蒜切末 1/2 小匙 生姜切末 1 小匙 Ⓐ（酒、酱油、蚝油各 1 大匙 白糖半小匙 胡椒少量）芝麻油 1 小匙 色拉油 1 大匙

1. 将鸡肝的血管和筋剔除切成易入口的形状，用凉水清洗后，去除水分。放入容器中，倒入酒、酱油用手轻拌，撒上淀粉。将韭菜切成 3cm 长段，混合Ⓐ备用。

2. 在平底锅中加入 1 小匙色拉油加热，放入冷冻豆芽后迅速加盐，快速翻炒。用笊篱捞出，用橡胶刷压出水分。

3. 将 1 小匙色拉油倒入同一个平底锅中，放入鸡肝将两面煎至金黄色后取出。

4. 在 ③ 的平底锅中加入 1 小匙色拉油、蒜末和胡椒粉炒香后，再放入鸡肝、韭菜和豆芽一起翻炒。加入混合后的Ⓐ快速翻炒，最后将芝麻油淋到做好的菜上，混合搅拌。

菜品 _ ③

越南薄饼

将豆芽的芽部摘掉后，可以多吃一些。

材料（2人份）

越南薄饼的面糊（粳米粉、淀粉各 50g 椰奶罐头 50g 姜黄、盐各 1/2 小匙 水约150mL）配菜（洋葱切末 2 大匙 煮好的绿豆或者混合豆类 30g 冷冻什锦海鲜 100g 盐、胡椒粉各少许 冷冻豆芽 1 袋）Ⓐ（越南鱼酱 1 大匙 水 2 大匙 白糖 1 大匙 醋 1 大匙 红辣椒切小圈少许）色拉油 5 小匙 绿色蔬菜叶、薄荷、香菜各适量

1. 制作面糊。将粳米粉、淀粉、姜黄和盐放入容器，在中央处留出位置，倒入椰奶用打蛋器混合搅拌，加水调整浓度。

2. 将 1 小匙色拉油放入平底锅中加热，放入海鲜，加入盐、胡椒粉快速翻炒后盛出。

3. 在同一个平底锅中倒入 1 小匙油，将①的面糊缓缓倒入锅中，摊成圆饼形，在未摊熟前在其表面撒上洋葱、绿豆和海鲜，铺上冷冻豆芽，加盖，蒸烤2 ～ 3 分钟。

4. 贴着平底锅倒入 1 小匙色拉油，将面糊煎至金黄色，折成一半后放入盘中，同样做法再摊一张薄饼。添加蔬菜和香草，蘸混合好的Ⓐ食用。

57

茄子

茄子冷冻后益处多多，冷冻后的茄子口感会变得更有嚼劲。即使不用菜刀切出切口，也可以很快做熟。不吸油，是一道健康菜肴。

冷冻
1个月

材料（容易制作的分量，1袋）

茄子3根

将茄子去蒂竖切成两半，放入水中撇去浮沫。去水分，放入保鲜袋冷冻。

食用建议

将冷冻茄子直接加热解冻即可。可以做成烧茄子、油炸茄子、炒茄子和腌茄子等菜肴。茄子表面较硬切不开的话，在室温中放置一会儿再切即可。

菜品 _ ❶

烧茄子

将茄子每面各煎1分钟，就能立刻享用。

材料（2人份）

冷冻茄子1袋 色拉油2小匙 生姜切薄片3片 酱油适量 青葱切小圈适量

1 姜片切丝。

2 在平底锅中加入色拉油加热，将冷冻茄子直接放入锅中，双面煎至出香味。

3 将茄子盛盘，加入姜丝，倒入酱油，撒上青葱。

青椒茄子炒肉

是一道有名的酱炒料理。
茄子冷冻后成分被封住，口感非常新鲜，
更容易入味。

材料（2人份）

冷冻茄子（切成两半）4个
青椒 4 个
生姜切末 1 小匙
猪肉切块 200g

Ⓐ
　酒、酱油各 1 小匙
　淀粉 1 小匙
　酒 2 大匙

Ⓑ 大酱 2 大匙
　酱油 2 小匙

色拉油 1 大匙

1. 茄子半解冻后，切成不规则块状。青椒去蒂去籽也切成不规则块状。在猪肉中加入Ⓐ揉搓入味，混合Ⓑ放置待用。

2. 将一半的色拉油和姜末倒入平底锅中加热，炒香后，再加入茄子和青椒翻炒，取出。

3. 将剩下的色拉油倒入②的平底锅中加热，摊开猪肉放入锅中。上色后翻面煎，再加入②和Ⓑ混合炒香。

要点

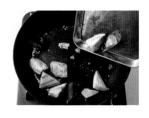

将茄子自然解冻到可以用刀切开的程度，再切成不规则块状放入平底锅中。

59

南瓜

将带蒂的南瓜冷冻保存，可以避免浪费。将蒸熟的南瓜，捣成泥状，压薄铺平后冷冻，这样掰开即可使用非常方便。也可以用来做南瓜浓汤和炸南瓜丸子。

冷冻
1个月

材料（容易制作的分量，做好后500g）

南瓜 1/2个（600g）

食用建议

既可以用来做南瓜浓汤、炸南瓜丸子、意大利面以及南瓜沙拉等人气菜肴，也可以用来制作南瓜派之类的点心。

将南瓜去籽，切成大块。蒸至软烂，去皮后用擀面杖将南瓜捣碎（如图）。放凉，分成小份放入保鲜袋中，将南瓜泥压薄至5mm以下，放入冰箱冷冻。

★为了在烹饪时可以用手轻松地掰开南瓜，关键是压薄铺平后再冷冻。
★用600W的微波炉加热10分钟即可，加热的时候要注意观察南瓜的硬度变化。

菜品 _ ①

南瓜奶油浓汤

将南瓜泥放入汤汁中，待其溶化后，加热即可。

材料（2人份）

冷冻南瓜 250g 洋葱切薄片 100g 固体浓缩高汤 1块 水 300mL 盐、胡椒粉各少许 黄油 1大匙 鲜奶油适量 意大利香芹少许

1 在锅中放入黄油加热，再放入洋葱充分翻炒，加入固体浓缩高汤、水，用小火煮10分钟左右。

2 将冷冻的南瓜泥掰开放入①中使其溶化，加入盐和胡椒粉调味。盛到容器里，加入鲜奶油，用意大利香芹装饰。

要点

待洋葱煮出甜味的时候，将冷冻的南瓜泥掰开放入锅中煮。

60

菜品 _ ❷

酥炸南瓜丸子

有了冷冻南瓜泥，
就不需要刻意花工夫准备炸丸子的材料，
随时都可以享受酥脆甘甜的口感。

材料（2人份）

冷冻南瓜泥（如前页）400g

洋葱 100g

培根 40g

肉桂 少许

盐 1/3 小匙

胡椒粉 1 大匙

黄油 1 大匙

低筋面粉、面包粉各适量

蛋液 1 个份

油炸用油

1 将洋葱切碎，培根切成5mm见方小块。

2 在平底锅中放入黄油加热，小火煎洋葱和培根。洋葱煎至变色后，将冷冻的南瓜泥掰成块状放入锅中，用锅铲捣碎翻炒。炒至糊状后，加入盐、胡椒粉和肉桂搅拌。

3 将❷团成乒乓球大小的丸子状，依次裹上面粉、蛋液和面包粉，放入180℃的油中炸至金黄色。

要点

将冷冻的南瓜泥捣碎解冻，炒至黏糊状。

与生鸡蛋不同，能体会到口感的变化。

鸡蛋、豆制品等

鸡蛋、豆腐以及魔芋等通常被认为不适合冷冻的食材，也可以进行冷冻，不同的口感带来更多新鲜感。

直接冷冻

鸡蛋

"等到发现的时候往往已经过了保质期"的鸡蛋一定要冷冻保存。鸡蛋冷冻后，蛋白质会发生变化，蛋黄的口味会变得更加醇厚，解冻后具有很好的弹性。

材料（容易制作的分量，1袋）

鸡蛋4个

将每个鸡蛋用保鲜膜轻轻包好，放入保鲜袋中冷冻。

冷冻
1个月

食用建议

将冷冻的鸡蛋放入水中，即可轻松剥掉蛋壳（如图）。冷冻鸡蛋可以直接用于烹饪，也可以待鸡蛋自然解冻后，用具有醇厚口感的蛋黄蘸酱油食用。

菜品_ ❶

煎荷包蛋

使用冷冻鸡蛋，可以做成切成一半的可爱的半熟的荷包蛋。

材料（2人份）

冷冻鸡蛋2个 色拉油1小匙 培根、喜欢的蔬菜各适量

1 将冷冻鸡蛋放入水中去壳，用纸巾去掉水分。将冷冻的鸡蛋从中间切成两半。

2 平底锅中放入色拉油加热，将1放入锅中煎成半熟状。装盘，配上煎熟的培根和蔬菜。

要点

冷冻的鸡蛋可直接放入锅中煎，无须解冻。

菜品_ ❷

鸡蛋天妇罗

外酥里嫩的口感令人心满意足。

材料（2人份）

冷冻鸡蛋2个
面衣（泡打粉 1/4 小匙 低筋面粉 25g 水 50mL）低筋面粉、椒盐各适量 油炸用油

1 将做面衣的材料在器皿中搅拌至起泡。

2 将冻鸡蛋放入水中去壳，用纸巾去除水分。依次撒上低筋面粉和1，放入180℃的油中煎炸4~5分钟至半熟状。盛盘，撒上椒盐。

要点

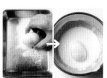

用冷冻鸡蛋的话，不用担心油会喷溅，鸡蛋去壳后直接裹上面粉和面衣，油炸即可。

菜品_ ❸

日式甘煮

蛋清口感结实，蛋黄入口浓醇黏柔。

材料（2人份）

冷冻鸡蛋2个 鸡腿肉120g 萝卜80g 扁豆40g Ⓐ（酱油、砂糖、料酒、酒各1大匙 高汤调味料、水200mL）色拉油1小匙 盐（焯盐水用）

1 将冷冻鸡蛋放入水中去壳，用纸巾去除水分。鸡肉切成 2cm 见方小块，香菇去茎切成两半，萝卜切成 1cm 厚的半月形薄片，扁豆去弦切成 4cm 长的小段，焯盐水。

2 锅中放入色拉油加热，依次放入鸡肉、萝卜、香菇翻炒，最后加入Ⓐ。水煮沸后调至小火，盖上锅盖煮 8 分钟左右。

3 将鸡蛋加入2中盖上锅盖，用小火再煮8分钟。装盘，配上扁豆。

豆腐

豆腐经过冷冻，口感会变得松软，其精华也会被浓缩。在做炒、炖豆腐或者火锅的时候，更不容易碎、更入味，非常美味。

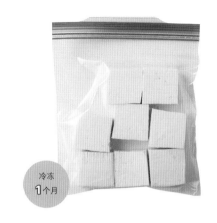

冷冻
1个月

材料（容易制作的分量，1袋）

豆腐 1 块 （250g）

豆腐沥水后，从中间竖切成两半，再各自 4 等分。保持间隔放入保鲜袋中，冷冻。

食用建议

冻豆腐可直接用于烹饪，也可冷藏解冻或冲水解冻后用于烹饪（解冻后要注意去除水分），冷冻后更适合做汉堡和日式什锦饭等菜肴。

菜品 _ ❶

炒豆腐

要将豆腐中的水分充分炒干再调味。

材料（2 人份）

冷冻豆腐、胡萝卜 40g 焯好的竹笋 40g 丛生口蘑 30g 荷兰豆 20g Ⓐ（酱油 1 大匙 料酒 1 大匙 高汤调味料 1/2 小匙 色拉油 1 小匙）盐（焯盐水用）

1　将胡萝卜、竹笋切成短条，丛生口蘑去根部一根一根分开。荷兰豆去筋，焯盐水后斜切成两半。

2　锅中放色拉油加热后，放入胡萝卜、竹笋和口蘑翻炒。加入冻豆腐，用中火将其炒碎。炒出水分后，加入Ⓐ，中火熬煮。装盘，添加荷兰豆。

菜品 _ ❷

豆腐汉堡

豆腐解冻后，很容易挤出水分，达到调整水分的目的。关键要先加入面包粉与其混合。

材料（2 人份）

冷冻豆腐一半分量
面包粉 20g
鸡蛋 1/2 个
洋葱切末 30g
鸡肉馅 200g
盐 1/3 小勺
胡椒粉少许
色拉油 2 小匙
刚出芽的豆苗、萝卜泥、橙醋酱油、绿紫苏各适量

1. 豆腐自然解冻后，轻轻挤出水分至 100g 重，加入面包粉混合。用 1 小匙色拉油翻炒洋葱，炒熟后自然冷却。

2. 将 1 和鸡蛋、鸡肉馅、盐、胡椒粉混合，4 等分团成金币形状。

3. 平底锅中放入 1 小匙色拉油加热后，将 2 放入锅中，每面煎 4 分钟左右，表面煎至金黄色，中间煎熟。装入铺着绿紫苏的盘中，加入萝卜泥和橙醋酱油，添上豆苗。

要点

将解冻后的豆腐和面包粉混合，豆腐的水分被面包粉吸收后，再和鸡蛋、鸡肉馅混合搅拌。

65

水煮大豆

市面上买的泡发大豆虽然省时方便，但很容易吃不完浪费。将一次吃不完的大豆冷冻保存，去除水分，食用的时候取出所需用量即可。

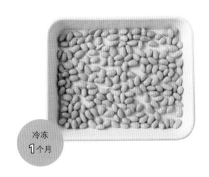

冷冻
1个月

材料（容易制作的分量，1袋）

水煮大豆 400g

使用厨房用纸擦除大豆表面的水分，放入方形托盘中冷冻。冷冻后，将大豆一个一个分开，放入保鲜袋中冷冻。

★将保鲜袋套在开口较大的杯子或者器皿上，这样就可以轻松地将豆子倒入保鲜袋中。

食用建议

一般来说冷冻大豆可以直接用于烹饪，加热解冻即可。大豆可以用于炖肉、煎炸、汤或沙拉等菜肴中，也可以捣成糊状，做成沙司或是薯饼等。

菜品 _ **1**

油炸大豆

口感酥脆，鲜香可口，是很好的下酒菜。

材料（容易制作的分量）

冷冻的水煮大豆 1/2 袋 咖喱盐、抹茶盐、粗磨黑胡椒盐等喜欢的盐各适量 油炸用油

1　将冷冻的水煮大豆直接放入 180℃的油中炸 5 ~ 6 分钟，至大豆炸得酥脆为止。

2　撒上符合自己口味的盐。

菜品 _ ❷

什锦豆

外酥里嫩的口感令人心满意足。一道
传统菜肴,使用冷冻大豆可以更省时。

材料（2人份）

冷冻的水煮大豆 1/2 袋 干香菇 2 个 胡萝卜
60g 牛蒡或者焯好的竹笋 60g 魔芋 60g 调
味汁（白糖 1 大匙 酱油 1 大匙 料酒 1 大匙
酒 1 大匙 高汤调味料 1/2 小匙 水 200mL）

1 将干香菇用水泡发,去根茎,切成 8mm
见方小块。胡萝卜、去皮的牛蒡和魔芋切
成同样大小。牛蒡泡水,魔芋快速焯水。

2 向锅中倒入调味汁煮沸。放入冷冻
的水煮大豆和1,待煮沸后撇去浮沫,
盖上锅盖,用小火把汤汁慢慢熬干。

菜品 _ ❸

鹰嘴豆

用大豆来制作人气菜肴。

材料（容易制作的分量）

冷冻的水煮大豆（如上页）1/2 袋 水 2 大匙 大蒜
（焯水）1 片 Ⓐ（橄榄油 2 大匙 白芝麻 2 大匙
盐 1/2 匙 孜然粉、香菜粉各 1/2 小匙 胡椒粉少许）

1 将适量的水加入到冷冻的水煮大豆中,使其
稍微解冻。和大蒜一起放入搅拌机中搅碎至
滑润状态。

2 混合Ⓐ进行调味。

要点

★ 还可以添加橄榄油、
辣椒粉、解冻后的水煮
大豆和香草等。

为了不破坏搅拌机,将大
豆稍微解冻后再放入搅拌
机内。

魔芋

冷冻后魔芋的水分会流失，口感也会发生惊人的变化。魔芋变得更有弹性，可以像肉一样用于烹饪中。冷冻后的魔芋既健康口感又很筋道，作为减肥食品非常适合。

材料（容易制作的分量，1 袋）

魔芋 1 块（300g）

用勺子将魔芋捣成小块，焯水 2 分钟后放至冷却。用纸巾将其表面水分擦除，放入保鲜袋中铺平冷冻。

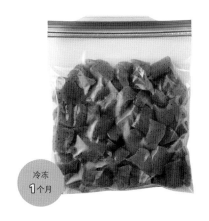

冷冻
1 个月

食用建议

将冷冻魔芋放入水中解冻，用笊篱捞出沥干后用于烹饪。焯煮后蘸酱汁食用或是代替肉类用于炒菜中均可。

 →

菜品

雷魔芋

魔芋的组织像海绵一样，做起来更易入味。

材料（容易制作的分量）

冷冻魔芋 1 袋 Ⓐ（酱油 1 大匙 酱 1/2 小匙 料酒 1 大匙 糖 1 小匙 五香粉少许）芝麻油 1 小匙

1 将冷冻魔芋放入水中解冻，去除水分。

2 锅中放入芝麻油加热，并翻炒魔芋，加入Ⓐ。不时地进行搅拌，使魔芋的海绵状组织能充分吸收汤汁，直到剩下少许汤汁为止。

腌白菜

推荐将不易保存的腌白菜，冷冻保存。冷冻后口感不变。在冰箱冷藏室里解冻或半解冻后，味道依旧。

冷冻
1个月

材料（容易制作的分量，1袋）

腌白菜1包（包含腌汁共500g）

将腌白菜去汁，切成5cm宽、4cm长的小段，放入保鲜袋铺平冷冻。

食用建议

烹饪过程中直接加热解冻或放入冷藏室里解冻都可以。将腌白菜切后提前冷冻好，可直接用于炒饭、炒菜以及炒面等菜肴中，十分方便。

菜品

炒饭

直接翻炒腌白菜，可以充分去除水分。

材料（2人份）

冷冻腌白菜100g 米饭300g 生姜切末1小匙
火腿80g 酒、酱油各2小匙 盐、胡椒粉各少许
小葱切圈3大匙 芝麻油1大匙

1 平底锅中放入芝麻油、生姜加热。将火腿切成5mm见方小块，放入火腿块和冷冻的腌白菜进行翻炒。炒出水分后，加入米饭继续翻炒。

2 反复翻炒至水分被完全炒出，用酒、酱油、盐、胡椒粉进行调味，再撒上小葱圈，混合搅拌。

将食材泡发后再冷冻保存是非常明智的！

干菜

泡发比较费时间的干菜，非常适合冷冻保存。尽可能一次性多泡发一些冷冻保存，就可以轻松愉快地享受美食了。

泡发后冷冻

干香菇

鲜美味道被浓缩了的干香菇，泡发很费时间。有空的时候，可以将其多泡发一些，再冷冻保存，使用的时候会非常方便。

冷冻
1个月

材料（容易制作的分量，1袋）
干香菇 8个

干香菇用水泡发后，拧干水分去除根部，放入保鲜袋内冷冻。

食用建议

为了更好地保持香菇的味道，最好将其稍微解冻后再用于烹饪。香菇可以用于炖菜、炒菜、家常菜以及盖饭等日常菜肴。

菜品 _ ❶

日式佃煮

可以利用带汁海带做成一道绝味菜品。

材料（容易制作的分量）
冷冻的干香菇1袋　熬过汤的海带（冷冻）100g
酱油、酒、白糖各2大匙 水 200mL

香菇和海带稍微解冻，将香菇切成薄片，海带切成2cm见方小块。将所有食材放入锅中加热，待水沸腾后，撇去浮沫。盖上锅盖，用小火熬煮，反复此动作直到将汤汁熬干。

要点

海带含汁一起，放入保鲜袋内冷冻。

菜品 _ ❷

什锦蒸饭

什锦饭吸收了香菇的鲜美，唇齿留香。

材料（2合）

冷冻的干香菇 1/2 袋 米 2 杯 胡萝卜 40g
油豆腐一块 Ⓐ（清淡酱油、酒、料酒各 1/2
大匙 水 100mL）高汤调味料 1 小匙 水 400ml
荷兰豆 5 个 芝麻油 2 大匙

1 将米洗净捞出，放置 30 分钟。荷兰豆去
弦焯水，切成细丝。

2 香菇半解冻，从中间切开再切成薄
片，将胡萝卜和油豆腐切成 2cm 长
的短条。

3 锅中放入芝麻油加热，依次放入胡萝卜、
香菇、油豆腐翻炒，再加入Ⓐ，用中火熬
煮，至汤汁熬干为止。接着加入高汤调
味料、400mL 水以及1中的米混合，待
煮沸后盖上锅盖，用小火煮 10 分钟后关
火。蒸 10 分钟，加入荷兰豆。

菜品 _ ❸

日式三宝菜

将香菇半解冻，预先调味后再翻炒。

材料（2 人份）

冷冻的干香菇 1/2 袋 虾 12 只 调味料（清淡酱
油 1 小匙 料酒 2 小匙 蛋白 1 个 马铃薯淀粉 1 小
匙）油菜 2 株 Ⓐ（酒 1 大匙 鸡精 1/2 小匙 水
100mL 盐 1/3 小匙 胡椒粉少许 马铃薯淀粉 1/2
大匙）生姜切末 1 小匙 葱末 2 大匙 色拉油 2 小
匙 芝麻油 1 小匙

1 将香菇半解冻，切成薄片，虾去虾线去壳。
加入调味料预先调味。

2 将油菜 8 等分切成 4cm 长段，用清水清洗，
并控干水分。将Ⓐ搅拌均匀。

3 在平底锅中放入色拉油加热，放入姜末和葱
末炒香，再将1摆入锅中，双面煎炒。再加入
油菜翻炒，加入Ⓐ大致混合搅拌。最后淋上
芝麻油提香。

羊栖菜

羊栖菜是既健康又必备的菜品。冷冻后可直接使用非常方便。喜欢的料理也可轻易做出。由于羊栖菜冷冻后会变得柔软，冷冻前无需过度泡发。

材料（容易制作的分量，1袋）

羊栖菜（干燥）18g（泡发后150g）

将羊栖菜洗净，放入能将其覆盖的水中泡发20分钟，去除表面水分。将较长的羊栖菜切短以便食用，放入保鲜袋中冷冻。

冷冻
1个月

食用建议

冷冻的羊栖菜可以直接用于烹饪，焯水后可以用来做沙拉等拌菜。提前冷冻好再使用，十分方便，不仅可以用于日式料理，还可以用来做沙拉和意大利面等。

菜品 _ ❶

煮羊栖菜

冷冻的羊栖菜可以作为一道简单的家常菜搬上餐桌。

材料（2人份）

冷冻的羊栖菜1袋（150g） 油豆腐1块 胡萝卜50g 鸡胸肉（去皮）50g 煮汁（酒、料酒、白糖各1大匙 酱油1/2大匙 高汤调味料1/3小匙 水100mL 色拉油2小匙）

1 将油豆腐切成小块，胡萝卜切成细条，鸡肉切成1cm见方小块。

2 锅中放入色拉油加热，依次放入鸡肉、胡萝卜翻炒。再加入油豆腐、冷冻的羊栖菜继续翻炒，倒入煮汁熬煮，直到汤汁熬干为止。

菜品_ ❷

羊栖菜沙拉

羊栖菜简单焯水，就能轻松入味。

材料（2人份）

冷冻的羊栖菜 2/3 袋（重 100g） 玉米粒罐头 40g 黄瓜 1 根 盐适量 蟹肉棒 40g 调味汁（酱油 1 小匙 橄榄油 2 大匙 醋 1 大匙） 芥菜适量

1 将羊栖菜解冻。黄瓜切成易入口的片状，用盐揉搓，去除水分，将蟹肉棒拆开。加入调味汁混合搅拌。

要点

2 将 1 和玉米粒混合搅拌装盘，配上芥菜。

将冷冻的羊栖菜放入沸腾的锅中解冻，煮沸后，用笊篱捞出与调味汁混合搅拌。

菜品_ ❸

羊栖菜鸡蛋饼

将香菇半解冻，预先调味后再翻炒。羊栖菜富含钙质和食物纤维，营养价值很高。

材料

冷冻的羊栖菜 1/3 袋（50g） 鸡蛋 3 个 荷兰豆 20g Ⓐ（白糖 1 大匙 酒 1 大匙 料酒 1 大匙 清淡酱油 2 小匙） 色拉油 适量

1 向锅内放入Ⓐ和冷冻的羊栖菜熬煮，至汤汁熬干为止。放置冷却后，放入容器中，再将打碎的鸡蛋和切成丝的荷兰豆倒入，混合拌匀。

2 向煎蛋器中倒入 1/3 的1摊开，煎至半熟后，从外向自己的方向将鸡蛋饼卷起。倒入色拉油，将煎好的蛋卷推到锅里，倒入等量蛋液。将蛋饼煎好后，倒入剩下蛋液，同样方式煎蛋饼。重复以上动作，将煎好的鸡蛋都卷起来，切成方便食用的小块就可以了。

时令的美味,原样冷冻保存。

水 果

将时令水果当季冷冻保存的话,水果的鲜度和香气都能一起被保留下来。无论什么季节食用,都能成为丰富餐桌的一道美食。

直接冷冻

柚子

将颜色艳丽、香气浓郁的冬季柚子冷冻保存时,可将果皮和果肉分离,果实切成薄片冷冻保存,使用起来十分方便。在其他季节食用时,享受大自然馈赠的感觉油然而生。

材料（容易制作的分量,果皮和果肉各 2 小袋）

柚子 2 个

柚子去皮,切成 5cm 厚的圆片,去籽。将果皮和果肉分别放入保鲜袋内冷冻保存。

冷冻
1 个月

食用建议

冷冻的果皮和果肉都可以直接使用。用冷冻柚子做的柚庵烧自不必说,菜品中加入少量冷冻柚子还可以提升香气和口味。也可用于饮料和甜点中。

菜品 _ **❶**

柚子胡椒酱

只有自己才能做出来的独特香气和味道。

材料（容易制作的分量）
冷冻的柚子皮 2 袋 冷冻的柚子果肉 1/3 袋 青辣椒 40g 盐 1 小匙

1 首先将冷冻的柚子皮和青辣椒（带籽）切成碎末,放入食品搅拌机或蒜臼中。

2 将果肉稍微解冻后,挤出果肉里的水分。和盐一起加入❶中磨碎。倒入容器中,放进冷藏室内保存 5 天就完成了。

要点

使用食品搅拌机搅拌的话会更容易。

★ 可以冷冻保存 1 年左右。

菜品 _ ❷

日式柚庵烧

将柚子冷冻保存后,随时可以享用香气轻柔
的日式柚庵烧。

材料(2 人份)

冻柚子的果肉 2 片
鳕鱼和鲹鱼之类的鱼肉 2 块
酱油 1 大匙
酒 1 大匙
料酒 1 大匙

1　在平底方盘中放入酱油、酒、料酒、
　　冻柚子的果肉混合搅拌均匀,将鱼块
　　腌制 30 分钟。

2　擦去 1 中鱼身的调味汁,将鱼放到
　　烤架上双面烤至金黄色。

　　★还可以加入柠檬叶和用醋泡过的藕。

要点

在同样成分的调味汁中
加入冻柚子的果肉,可
以使鱼肉更加柔软且带
有香气。

75

牛油果

当季的牛油果也适合冷冻保存。由于牛油果切开后容易氧化发黑，提前把牛油果剥皮再冷冻保存的话，有客人来访或是紧急需要的时候就会很安心。冷冻的牛油果口感也会更润滑。

材料

牛油果 2 个

首先去掉牛油果的外壳，从果核的周围开始切，慢慢将外壳剥掉。果核和果壳去掉后，将牛油果用保鲜膜包好，再摆入保鲜袋内，尽可能排空保鲜袋内的空气后冷冻保存。

冷冻
1 个月

食用建议

冷冻的牛油果可以直接吃，在冷藏室内或是常温状态下半解冻后，牛油果会更加好切。由于冷冻后的牛油果容易弄碎，用来做沙司也很方便。

菜品

牛油果卡普里风味沙拉

牛油果也可以用来做漂亮别致的小吃！

材料（容易制作的分量）

冷冻的牛油果 1/2 袋 西红柿 1 个 马苏里拉奶酪 1 个 凤尾鱼 1 块 盐、粗磨黑胡椒、橄榄油、罗勒叶各适量

1 牛油果在冷藏室内半解冻，西红柿去蒂后从中间切开，将牛油果和西红柿各自切 4cm 厚的片状，奶酪也同样切成片状，凤尾鱼切成细丝。

2 在盘子中将牛油果、奶酪、西红柿交替摆放，再撒上盐、胡椒粉、凤尾鱼、橄榄油，装饰罗勒叶。

PART 3

成品菜的保存与
二次升级

冷冻

炸鸡块、姜烤猪肉、汉堡牛肉饼、咖喱，这些人气菜肴可以在周末等空闲时间提前做好后冷冻保存，无论何时都可以立刻满足家人的需求。这里也介绍了很多只要通过加热就可轻松完成，充满创意又富于变化的菜品。能够做自己喜欢吃的食物，再多也不会觉得腻。

炸鸡块

腌好后裹上蛋液，
即使冷冻后口感也非常酥软。

材料（2 人份）

鸡腿肉 1 片（250g）Ⓐ（酱油，酒，料酒各 2 小匙 姜末 1 小匙）蛋液 1/2 个 低筋面粉 2 大匙 色拉油适量

1　将鸡肉切成 3cm 见方小块，放入盘子中，加入Ⓐ用手搅拌。加入蛋液再进行搅拌，加入低筋面粉混合均匀。

2　在平底锅中加入较多的色拉油加热后，将1放入锅中煎炸，去油。

冷冻法　待鸡块凉后，放入底部宽阔的密闭容器中冷冻。冻好之后移入保鲜袋。

食用时　用烤箱或者烤面包机加热。

菜品＿①

浇汁鸡块

只要将美味香汁与炸鸡块拌匀即可。

材料（2 人份）

冷冻炸鸡块 250g 香汁（酱油、芝麻油、白糖各 1 小匙 醋 1 大匙 生姜切末 1 小匙 洋葱切末 50g 绿紫苏 2 片）生菜切丝、去根豆苗各适量

1　将准备好的香汁放入容器中，混合搅拌。

2　将冻的炸鸡块放进1中，放置一段时间。

3　炸鸡块解冻之后，放入生菜与豆苗摆盘即可。

菜品 _ ❷

柠檬煮鸡块

与爽口的柠檬一起煮。

材料（2人份）

冷冻的炸鸡块 250g 柠檬切成片状（3mm 厚）1/2 个 **Ⓐ**（酱油 1/2 大匙 酒、蜂蜜各 1 大匙 水 150mL 马铃薯淀粉 1 小匙）

① 将 **Ⓐ** 放入锅中，边加热边搅拌。

② 汤汁有浓度之后，放入柠檬与冻的炸鸡块，温火炖煮。

③ 煮到炸鸡块里面也热了的时候，装盘。

要点

将柠檬与冷冻的炸鸡块放入甜辣的黏稠汤汁中，既可以解冻，又可以提味。

菜品 _ ❸

酱油炒鸡块

甜酸＆微辣的口味,推荐搭配白米饭一起吃。

材料（2人份）

冷冻的炸鸡块 250g 小白菜 1 棵 豆瓣酱 1 ~ 2 小匙 姜末 1 小匙 葱花 2 大匙 **Ⓐ**（鸡精 1/3 小匙 酒、番茄酱各 1 大匙 酱油 1 小匙 水 150mL）芝麻油 1 $1/2$ 小匙

① 小白菜从中间竖切成 8 等份，再切成 3cm 小段，清洗后控水。**Ⓐ** 混合搅拌待用。

② 在平底煎锅中加热芝麻油炒豆瓣酱，加入姜末与葱花继续翻炒，闻到香气后，加入冻的炸鸡块，再加入小白菜翻炒。

③ 将 **Ⓐ** 加入②中炖煮，炸鸡块煮熟后，倒入 1 小匙芝麻油。

姜烤猪肉

是一道离不开的铁板料理。
冷冻保存后,随时都可以享受美味。

材料（2人份）

猪肉片 250g 盐、胡椒粉各少许 低筋面粉 1 大匙
Ⓐ（姜末 15g 酱油、酒、料酒各 1 大匙）色拉油
2 小匙

1 混合Ⓐ待用。将盐、胡椒粉、低筋面粉撒在
   猪肉上。

2 烧热平底煎锅中的色拉油,将猪肉双面煎出
   香味,加入Ⓐ上糖色。

冷冻法 待肉放凉后,放入底部宽阔的密闭
容器中冷冻。或者放入保鲜袋,压
平抽出空气,冷冻。

食用时 用烤箱或微波炉等加热。

冷冻
1个月

菜品 _ ❶

炒面

在炒面上加入丰富的食材,口感满分!

材料（2人份）

冷冻猪肉 250g 中华蒸面 2 袋 胡萝卜 1/3 根 豆芽
100g 色拉油 2 小匙,中浓酱汁 1 小匙 红姜丝适量

1 将胡萝卜切成 3cm
   长的薄片,面条用热
   水焯一下,控水散开。

2 平底锅中加入色拉油
   加热,放入胡萝卜和
   豆芽炒香。加入冷冻
   好的猪肉翻炒,加入
   中浓酱汁,面条继续
   翻炒。装盘并用红姜
   丝装饰。

用锅铲将冷冻的猪肉分
开,无须解冻直接加入蔬
菜中一起翻炒。

菜品 _ ❷

炒时蔬

加入蚝油，香气四溢。

材料（2人份）

冷冻猪肉 250g 卷心菜 200g（3片）焯盐水的笋 60g 青椒 2个 红彩椒 1/3个 蒜末1/2小匙 盐、胡椒粉各少许 蚝油 2小匙 色拉油 1小匙

1. 将卷心菜切成 4cm 见方小块，笋切成3cm 厚的半月形，青椒与红彩椒去蒂去籽，切成小块。

2. 平底锅中加入色拉油加热后，放入蒜末翻炒，炒出蒜香后，加入 1 用大火翻炒。

3. 在 2 中加入冷冻的猪肉，加入盐、胡椒粉、蚝油，猪肉炒熟后即可。

菜品 _ ❸

木须油菜炒猪肉

可以放在米饭上做成盖饭。

材料（2人份）

冷冻猪肉 250g 小油菜 100g 鸡蛋 2个（水100mL 昆布茶 1/3小匙）

1. 将油菜切成 3cm 长小段，蛋液搅拌均匀。

2. 将水、昆布茶和冷冻猪肉放入平底锅中，用中火煮，水开之后加入油菜搅拌。

3. 在 2 中加入打好的蛋液，水开之后盖上锅盖，用小火煮 1 分钟，加热，呈半熟状即可装盘。

汉堡牛肉饼

肉馅要拌匀，
不要过度搅拌是使其松软酥脆的关键。

材料（4人份）

肉馅250g（鸡蛋1个 面包粉20g 牛奶2大匙）洋葱切碎50g 盐1/3小匙 黄油1大匙 色拉油1小匙

1 将蛋液、面包粉、牛奶混合搅拌，放置10分钟。

2 在平底锅中放入黄油加热，变成茶色后，放入洋葱碎，快速翻炒加热。

3 在1中加入2、肉馅与盐，用手拌匀，将其分成4份，捏成硬币状。放入倒入色拉油的平底锅中，每面煎4~5分钟。

冷冻
1个月

冷冻法 冷却后，放入密闭容器中留有空隙摆好，或者放入保鲜袋中冷冻保存。

食用时 用微波炉加热。

菜品_ **1**

牛肉饼煎蛋盖饭

边煎蛋边解冻牛肉饼。

材料（2人份）

冷冻的牛肉饼汉堡250g 鸡蛋2个 水100mL **A**（红酒、番茄酱各2大匙 中浓酱汁3大匙）色拉油1小匙 米饭300g 生菜切丝、洋葱切片、 西红柿切成半月形、沙拉酱各适量

1 在平底锅中加入色拉油加热后，打破鸡蛋，在旁边放入牛肉饼，煎蛋到半熟状态，拿出。将米饭盛到盘子里，摆入蔬菜。

2 将装1的平底锅调小火，加水，没到小汉堡，盖上锅盖，加热3分钟，装到1盘中。

3 在2的平底锅中，放入**A**，边加热边混合搅拌，待酒精成分挥发之后，浇到小汉堡上，再加入沙拉酱。

菜品 _ ❷

牛骨酱煮牛肉饼蘑菇

将牛肉汉堡冷冻保存后,
华丽的西洋式料理也能
轻松完成!

材料(2人份)

冷冻牛肉饼汉堡 250g 口蘑、洋蘑菇、
松伞蘑、杏鲍菇等蘑菇 合计 80g
洋葱 50g
西蓝花 30g
胡萝卜 30g
白葡萄酒 1 大匙

| 牛骨酱汁(罐装)
| 150g
| 热水 100mL

黄油 1 大匙
盐、胡椒少许

1. 将菌类蘑菇切成或撕成大块,洋葱
   切成薄片。

2. 将黄油放入平底锅中加热,放入❶
   炒香。

3. 将冷冻的牛肉饼并列放入❷ 中,加
   入用白葡萄酒与热水稀释后的牛骨
   酱汁,盖上锅盖,用小火煮 4 分钟
   左右。加入盐、胡椒粉调味,根据口
   味,放入用盐水焯过的西蓝花与胡
   萝卜。

要点

翻炒蘑菇与洋葱
后,加入牛肉饼与
酱汁,盖上锅盖解
冻牛肉饼。

83

炸猪排

尽可能多放一些油，煎炸做起来会更轻松。
为了能做更多的菜式，可以将猪排切好后再冷冻。

材料（2片）

用于做炸猪排的猪肩部里脊肉 2 片 盐 1/3 小匙 胡椒粉少许 低筋面粉、 面包粉各适量 蛋液 1 个 色拉油适量

1. 将肉中带筋的部分用刀切断，撒上盐、胡椒粉。掸上面粉，挂上蛋液，再撒上面包粉。

2. 在平底锅中放入尽可能多的油，放入①煎炸，去油，待放凉后，将猪排竖切成两半，再切成宽 1cm 的条状。

| **冷冻法** | 放入底部宽阔的密闭容器中冷冻，冻好之后放入保鲜袋中。 |

| **食用时** | 用烤箱或者烤面包机加热。 |

冷冻
1个月

菜品 _ ❶

炸猪排调汁沙拉

炸猪排混合调味汁进行解冻。

材料（2人份）

冷冻炸猪排 1 片 调味汁（萝卜泥 100g 酱油、柠檬汁各 2 大匙）生菜 2 片 芜菁 40g 黄彩椒 1/4 个 圣女果 6 个

1. 在碗中放入调味汁的材料混合搅拌，加入冷冻的炸猪排，放置解冻。

2. 将生菜切成方便入口的大小，芜菁切成 4cm 长段，黄彩椒切成细丝，一起泡入冷水中使其口感更加爽口，去除水分。圣女果去蒂，切成两半。

3. 将②装盘，摆入①。

菜品 _ ❷

酱汁炸猪排

材料（2 人份）

冷冻炸猪排 2 片　酱汁（黄酱 3 大匙 酒、料酒、白糖各 1 大匙 高汤调味料 1/3 小匙 水 100mL）熟芝麻（白）1 小匙 🅐（卷心菜切丝 100g 黄瓜切丝 1 根）柠檬切成半月形 2 片

1. 将酱汁的材料放入锅中，用小火熬煮，同时搅拌至一定的黏稠度后关火。

2. 将冷冻的炸猪排放在锡纸上，在烤鱼架上或者面包机中烤 3 ～ 4 分钟，烤至金黄色直到中间熟为止。

3. 将 🅐 平铺到盘子上，摆上 ❷，浇上 ❶，用指尖边捻边撒上白芝麻，放上柠檬。

菜品 _ ❸

日式什锦烧

满满的炸猪排，味道令人上瘾！

材料（2 人份）

冷冻的炸猪排 2 片　材料（低筋面粉 80g 和芋头末 30g 高汤调味料 1/2 小匙 水 100mL 清淡酱油、酒各 2 小匙）🅐（鸡蛋 2 个 卷心菜切小块 200g 红姜丝 10g）色拉油 1 小匙 🅑（酱汁 3 大匙 芥末沙拉酱适量）🅒（青海苔、鲣鱼薄片适量）

★芥末沙拉酱请按照沙拉酱与芥末 5：1 的比例准备好。

将低筋面粉倒入容器，中央处掏空，再将材料中其他调味料放入，从中间向外搅拌，制作面饼。

面饼与 🅐、冷冻的炸猪排混合放入平底锅（直径 16cm）中，将一半的油倒入平底煎锅中每面煎 4 ～ 5 分钟。剩下的以同样方法煎炸。装盘，挤上 🅑，撒上 🅒。

要点

炸猪排与面饼混合。无须花时间煎肉，面衣可以代替油渣使用。

煎鲑鱼

粗略撕成小块，冷冻待用。
拌在米饭中或用来做意大利面的配菜，都非常方便！

材料

生鲑鱼2块 盐适量

鲑鱼撒上盐，放在烤鱼的烤架上，双面煎烤7～8分钟呈金黄色。放凉之后，去骨去皮，撕成块状后冷冻。

要点

为了日后使用方便，去骨去皮，将鱼肉撕成小块后再冷冻。

冷冻
1个月

| **冷冻法** | 先放入底部宽阔的密闭容器中，冷冻后放入保鲜袋中。 |
| **食用时** | 用微波炉加热。 |

菜品 _ **1**

拌寿司饭

将鲑鱼拌在寿司米饭中，同时解冻。

材料（2~3人份）

冷冻煎鲑鱼2块 炒鸡蛋2个（鸡蛋2个 料酒1大匙 白糖1大匙 盐少量）扁豆40g 盐适量 寿司米饭（煮好的米饭2杯 醋2大匙 白糖1/2大匙 盐1小匙）

1. 将鸡蛋打成蛋液，加入料酒、白糖、盐拌匀，放入锅中，用中火加热，边炒鸡蛋边用筷子搅拌，扁豆用盐水焯好，斜刀切成小块。

2. 制作寿司米饭。将醋、白糖以及盐混合搅拌，做成寿司醋。将做好的米饭放入盆中，倒入寿司醋，用勺子搅拌均匀。寿司醋完全融入后，撒入1和冷冻的煎鲑鱼，大致拌匀，放置待凉。

菜品 _ ❷

鲑鱼奶油口味意大利面

鲑鱼、菠菜和玉米，
色彩丰富的食材装点在奶油口味的意大
利面上，色彩和味道都相得益彰。

材料（2 人份）

冷冻煎鲑鱼 2 块

较细的长条意大利面（面粗 1.6mm）
160g

菠菜 50g

洋葱 1/2 个

玉米（冷冻）50g

白葡萄酒 1 大匙

❡ 水 50mL
高汤调味料 1/2 个
❹ 盐 1/3 小匙
胡椒粉少许
鲜奶油 120mL

黄油 2 大匙

帕尔玛奶酪磨碎 20g

盐、胡椒粉少许

1 将菠菜切成 3cm 长小段，洋葱切成
   薄片。

2 将黄油放入平底煎锅加热，依次放入
   洋葱、冷冻煎鲑鱼和玉米粒煎炒。加
   入白葡萄酒与❹，用中火加热 1 ~ 2
   分钟。

3 将盐加入到足量的热水中加热，按照
   意大利面包装袋的指示时间焯水，距
   离意大利面焯好 1 分钟前加入菠菜。

4 将③ 中水控掉，加入②，撒上奶酪
   充分搅拌，并用盐、胡椒粉调味。

要点

洋葱炒至近透明
时，加入冷冻的煎
鲑鱼，解冻的同时
进行翻炒。

87

天妇罗炸虾

将油炸食品充分去油后冷冻，
一点也不油腻。

材料

虾 12 只 面衣【低筋面粉 1/2 杯（100mL）发酵粉
1 小匙 冷水 2/3 杯（约 130mL）】低筋面粉适量
煎炸用油

1 将虾开背去虾线，留尾部去虾壳，用刀在虾
  的腹部斜切，把虾的内筋切断。

2 制作面衣，在冷水中加入低筋面粉与发酵粉，
  简单搅拌。

3 手持虾的尾部，将虾身蘸上低筋面粉，裹上
  ②。将锅烧热到 190℃，将虾按照从身边向煎
  锅的方向放入。炸至上色之后，去油。

冷冻法 待冷却之后，为了保持虾的形状将
其放入底部宽阔的密闭容器中并排
放好，进行冷冻。

食用时 使用烤箱或者在微波炉中加热即可。

冷冻
1个月

菜品 _ ❶

天妇罗饭团

只要有冷冻的天妇罗炸虾，
就可以轻松制作。

材料（4个）

冷冻的天妇罗炸虾 4 只 做好的
米饭 320g 烤好的海苔 1 片 盐
少许

1 将海苔切成 3cm 宽的长条状。

2 在菜板上铺上 20cm 见方
  的保鲜膜，撒上盐，放上
  1/4 分量的米饭，参照右图
  的要领，在冷冻的炸虾上
  面撒少许盐，用手握成三
  角形状，并用海苔卷好，
  同样方法做 4 个。

要点

为了让虾的尾部能
露出来，将其放入
米饭外部，用保鲜
膜握成三角形状。

菜品 _ ❷

沙拉酱炒虾

将炸虾再加热后，炒至酥脆。
只加入沙拉酱调味即可。
沙拉酱与炼乳是决胜秘方。

材料（2 人份）

冷冻的天妇罗炸虾，前页的全部分量

A ┌ 沙拉酱 3 大匙
  │ 番茄酱 1 大匙
  ┤ 炼乳 1 小匙
  └ 胡椒粉少许

葱末 1 大匙
色拉油 1 小匙
生菜和紫甘蓝各适量

1. 将Ⓐ混合搅拌，放置待用。

2. 平底锅中加入色拉油加热后，放入葱
   末翻炒，将冷冻的炸虾放入锅中，炒
   至酥脆。

3. 将 1 加入 2 中，搅拌。装入铺上生
   菜与紫甘蓝的盘中。

要点

冻虾的解冻和烹饪是
同时进行的。

将虾炒至酥脆后，加
入调好的调料和虾充
分融合。

89

咖喱

土豆和胡萝卜尽可能切小切薄进行冷冻。

材料

猪肉或者牛肉块 150g 洋葱 1 个 胡萝卜 1/2 根 土豆 1
个 姜末 1 小匙 水 600mL 切碎的块状咖喱 100g 橘皮
果酱 1 大匙 英国辣酱油 1 小匙 色拉油 1 大匙

1 将洋葱、胡萝卜和去皮的土豆切成 5mm 厚的
　 银杏叶状或半月形小块。

2 平底锅中放入色拉油加热后，加入姜末炒香，
　 放入洋葱、胡萝卜和肉块，翻炒出香味。

3 放入土豆后再进行翻炒，放入水、块状咖喱
　 和橘皮果酱，用小火炖煮 15 分钟，青菜煮软
　 后，加入英国辣酱油搅拌，再煮数分钟。

冷冻法

冷却后放入制冰盒中，分成小份进行冷冻，只用想使
用的部分拿取非常方便。为了更好地放入冷冻室中，
可将制冰盒放在托盘上，再装入咖喱（图片ⓐ）。冷
冻后，从制冰盒中取出，放入保鲜袋中，如果没有制
冰盒的话，将少量的咖喱放在大的保鲜袋中，铺平压
薄冷冻，用卡片之类的进行分格冷冻（图片ⓑ）

冷冻
1 个月

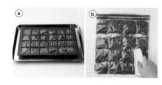

ⓐ　　ⓑ

食用时

用微波炉加热，或
者放入锅中加热解
冻，注意避免热焦。

菜品 _ ❶

咖喱乌冬面

材料（2 人份）

冷冻咖喱 250g 乌冬面 2 人份 ❹（海带 5cm 小
块 水 300mL 酱油、料酒、酒、白糖各 1/2 大匙）
鲣鱼薄片 5g 小葱斜切成段适量

1 在锅中放入❹，放置 10 分钟再开火。沸腾后，
　 加入鲣鱼薄片，用文火煮 3 分钟，熬煮出鲜味。

2 将 1 重新倒入锅中，加入冷冻咖喱熬煮。

3 按照乌冬面包装上面的提示时间焯水，放在大
　 碗中，将 2 倒入，撒上小葱装饰。

菜品 _ 2

咖喱面包

将制冰格冷冻后的咖喱块，
放在面包中做成三明治，炸至金黄色，
做零食小吃也非常适合

材料（6个量）

冷冻咖喱　6片（约180g）
面包片（制作三明治用）6片

涂抹材料

低筋面粉 1大匙
水 1/2大匙

色拉油

1　将涂抹的材料混合搅拌。按照右图
　　的要领，涂至面包片边缘处，放上
　　冷冻的咖喱，折叠将咖喱夹在中间，
　　做成三明治状。

2　将1放入锅中，用较多的油煎炸大约
　　5分钟，去油。可根据个人口味添加
　　火腿或蔬菜沙拉。

要点

将酱料涂到面包片的边缘，将冷冻的咖喱
块放在中间偏前的位置上，将面包片折成
两半，用叉子压住边缘即可。

91

用作便当也非常方便。

一杯冷冻常备菜

将常备菜用硅胶杯分成小份冷冻保存后，直接可装进便当十分方便。也可以成为餐桌的急救菜。

牛肉时雨煮

甜辣与姜的味道混合在一起，适合搭配米饭。

材料

牛肉切片 200g 姜 10g
Ⓐ（酒、酱油、料酒、白糖各 1 大匙）色拉油 1 小匙

1 牛肉焯水后，去水分。将姜切丝。

2 平底锅中放入色拉油及姜加热，炒出香味后放入牛肉炒香。加入Ⓐ，将水分煮干后，即可出锅。

花生碎凉拌扁豆

使用炒熟的花生，花生的香气四溢。

材料

扁豆 100g 花生米 50g 白糖 1 大匙 酱油 2 小匙 料酒 1 小匙 盐（焯盐水用）

1 将扁豆去筋，焯盐水，用笊篱捞出，快速冷却，切成 3cm 长的小段。

2 花生米炒熟后，捣碎。用捣蒜钵或食品搅拌器磨碎。加入白糖、酱油以及料酒混合，加入 1 拌匀。

青椒与煎香肠

为了保留芥末的味道，请最后加入。

材料

青椒 2 个 香肠 4 根 盐、胡椒粉少许 橄榄油 1 小匙 芥末粒 1 小匙

1 青椒去蒂去籽切块，用刀在香肠上斜切出小口，但不要切断。再斜切将香肠切成两段。

2 在平底锅中加入橄榄油加热，翻炒 1 。加入盐和胡椒粉，做好后放入芥末粒。

煮南瓜

令人安心的味道，
百吃不腻。

材料

南瓜 1/4 个 Ⓐ（高汤调味料 1/2 个 水 400mL 酒、料酒各 2 大匙 酱油 1 大匙 白糖 1 大匙）

1 将南瓜去籽去瓤，表面用刀削块。

2 将南瓜摆入锅中，加入混合好的Ⓐ，开大火。煮沸后撇去浮沫，盖上锅盖用小火煮 10 分钟左右。

牛蒡丝

将牛蒡削成薄片，非常容易入味。

材料

牛蒡 1 根（150g）胡萝卜 2cm（30g）红辣椒切小圈 少许 Ⓐ（酒、料酒、酱油各 1 大匙 白糖 1 大匙）色拉油 1 大匙 芝麻油 1 小匙 熟芝麻（白）1 小把

1 牛蒡用水清洗后，用削皮刀将牛蒡削成薄片，放进水中撇去浮沫。胡萝卜切丝。

2 平底锅中加入色拉油加热，放入1翻炒。再加入红辣椒和Ⓐ熬煮，水分快熬干时淋上芝麻油，撒上白芝麻。

煎蛋饼

材料

鸡蛋 2 个 Ⓐ（料酒 1 小匙 白糖 1 大匙 清淡酱油 1/3 小匙 盐少许）色拉油适量

1 打碎鸡蛋，加入Ⓐ混合搅拌。

2 开中火加热煎蛋器倒入色拉油，向煎蛋器中倒入 1/3 的1摊开，煎至半熟后，从外向自己的方向将鸡蛋饼卷起。倒入色拉油，将煎好的蛋卷推到锅里，倒入等量蛋液。将蛋饼煎好后，倒入剩下蛋液，同样方式煎蛋饼。重复此动作，将煎好的蛋饼卷成圆形，切成易入口的大小。

93

川上油!

冷冻室内的创意

川上女士在实践中探索出的冷冻技巧，全都是专业人士才具有的创意。
使烹饪变得有趣，菜品也具有丰富的变化。下面介绍一些实用的冷冻技巧。

用制冰格冷冻酱汁和咖喱

选用立方体形的制冰格冷冻，看着舒心，用着方便。可以用于多种料理。

使用奶油沙司（白色酱汁）

将奶油沙司倒入制冰格后，上面摆放奶酪和玉米、西蓝花之类的蔬菜，煮熟的虾类等，再冷冻。将冻好的方块放在酒或蔬菜等上面，放进烤箱中烤，做成干酪焗菜。也可以用作炸薯饼的配菜。

使用咖喱

将配菜切成小块装入制冰格冷冻保存。取几个冷冻好的咖喱块放在饭上，再用微波炉加热一下，想吃的时候立刻就能享用美味的咖喱饭了。把咖喱和饭混合搅拌，做成肉碎咖喱饭也可以。

将常用的酱汁一次性做好后再冷冻！

做酱汁很耗费时间，在时间宽裕的时候一次性做好，再冷冻，非常方便。人气菜品就能在短时间内做出来了。

全部
冷冻
1 个月

将冷冻肉酱切开，放在冻的意大利面上，只需将其放进微波炉中加热，肉酱意大利面就完成了！

奶油沙司（白色酱汁）
材料与制作方法（约450g）

1. 在锅里融化50g黄油，再加入50g筛过的低筋面粉混合，小火加热1分钟，面粉既要熟透又要避免烧焦，做成糊状黄油酱。

2. 关火，一口气加入400mL凉牛奶，把锅底和侧面的黄油酱刮下来。一边开火一边用打泡器把它们混在一起，达到一定浓度后，加入少许盐、胡椒粉调味。

肉酱
材料与制作方法（约450g）

洋葱50g、胡萝卜20g、去筋的西芹10g、蒜1/2片切碎，番茄1个切成1cm见方小块。平底锅中加入1大匙橄榄油和蒜末加热，加入洋葱、胡萝卜、西芹翻炒。加入肉馅200g，将肉馅压碎翻炒，加入番茄、番茄酱1大匙、高汤调味料1个、水300mL、盐和胡椒粉少许，盖上锅盖，煮30分钟左右。

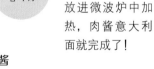

食用建议
可用于干酪焗菜、玉米浓汤、西式炖菜、奶汁烤饭、奶油可乐饼等中。

食用建议
可用于奶汁烤饭、千层面、意式肉汁烩饭、意大利面、米饭可乐饼等中。

日式根菜组合

冷冻后更易做熟。

材料与制作方法（容易制作的分量）

胡萝卜、去皮牛蒡各 1 根，去皮的藕切成小块 1 节，将藕和牛蒡泡水。将根菜放进冒着蒸汽的蒸锅中蒸软，摆放在托盘里冷冻后，装入保鲜袋。

食用建议

可用于筑前煮、炖煮的肉菜、炒牛蒡丝、沙拉、汤菜等，也可以做咖喱的配菜。

绿色蔬菜组合

想在菜品中点缀些绿色的时候。

材料与制作方法（容易制作的分量）

豌豆、扁豆各 50g 去筋。与分成小朵的西蓝花 50g 一起焯盐水，用笊篱捞出，快速冲凉水。将豌豆斜切成两半，扁豆切成 3cm 长段，摆入托盘中冷冻。冷冻后装入保鲜袋。

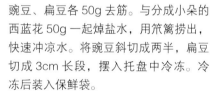

食用建议

可用于炒青菜、干酪焗菜和汤类的菜品，也可做便当的配菜。

豆类组合

可用来补充纤维！

材料与制作方法（容易制作的分量）

焯盐水后的毛豆、水煮红芸豆、水煮鹰嘴豆、水煮白芸豆各 50g，除去水分，摆在托盘里冷冻。冷冻之后装入保鲜袋。

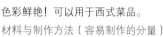

食用建议

可用于墨西哥风味的辣煮牛肉、什锦豆类沙拉、炖鱼炖肉、黄油煎菜等菜肴中。

意式混合蔬菜组合

色彩鲜艳！可以用于西式菜品。

材料与制作方法（容易制作的分量）

彩椒（红、黄）各 1/2 个去蒂去籽切块，茄子 1 根与西葫芦 1/2 根切成 5mm 厚的圆片，泡水，撇除浮沫，去水分。蔬菜表面撒上橄榄油 1 大匙、盐 1/3 小匙、少量胡椒粉，放在烤架上烤香。蔬菜自然冷却后摆在托盘里冷冻。冷冻后装入保鲜袋。

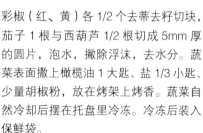

食用建议

可用于番茄意大利面、加醋的腌泡汁、西班牙煎蛋卷等。

面向养生人群的人气冰沙。

制作出来立即冷冻，这样做出的冰沙即使外出携带也能保持新鲜度。

冰沙的口感会随着时间变长而变差，营养也会逐渐流失，因此做出来要立即冷冻。上班或外出随身携带，白天饮用，口感和营养都会保持原样。用空的塑料瓶冷冻冰沙是很方便的。关键是记住冷冻时，冰沙不要装得太满。

利用鸡蛋和速冻食品的空包装盒

除了塑料瓶，空的鸡蛋包装盒、空的冷冻食品包装盒等都可以在冷冻食材的时候被再次利用，非常环保，清洗干净后即可使用。

CHOUKIHOZON OK! MAINICHI TSUKAERU! REITOUHOZON RECIPE

© FUMIYO KAWAKAMI 2017

Originally published in Japan in 2017 by EI Publishing Co., Ltd.

Chinese (Simplified Character only) translation rights arranged with

EI Publishing Co., Ltd. through TOHAN CORPORATION, TOKYO.

©2019 辽宁科学技术出版社

著作权合同登记号：第 06-2017-317 号。

图书在版编目（CIP）数据

冰箱，拜托你！保鲜更方便，吃得更美味 /（日）川上文代著；
朱婷婷译 . — 沈阳 : 辽宁科学技术出版社 , 2019.8
ISBN 978-7-5591-1174-6

Ⅰ . ①冰… Ⅱ . ①川… ②朱… Ⅲ . ①冷冻食品—食
谱 Ⅳ . ① TS972.1

中国版本图书馆 CIP 数据核字 (2019) 第 083573 号

出版发行：辽宁科学技术出版社
　　　　　（地址 : 沈阳市和平区十一纬路 25 号　邮编 : 110003）
印 刷 者：辽宁新华印务有限公司
经 销 者：各地新华书店
幅面尺寸：170mm × 240mm
印　　张：6
字　　数：130 千字
出版时间：2019 年 8 月第 1 版
印刷时间：2019 年 8 月第 1 次印刷
责任编辑：朴海玉
封面设计：魔杰设计
版式设计：袁　舒
责任校对：栗　勇

书　　号：ISBN 978-7-5591-1174-6
定　　价：39.80 元

投稿热线：024-23280258
邮购热线：024-23284502
投稿 QQ: 117123438